JN218891

有機ラジカル反応の基礎 改訂2版

その理解と考え方

柳日馨, 川本拓治　著

丸善出版

改訂によせて

　2015年4月に初版を上梓してちょうど10年の今，この改訂版を世に送り届けることができたことは著者としてうれしい限りである．原著がラジカル反応化学の普及に一定の役割を果たしたことでさらなる改訂の機会をいただいたものと，不遜な心持ちながらも真摯に改訂に取り組んだ．

　この10年の有機ラジカル反応の化学の発展は実に目覚ましく，一言で言えば一電子移動の化学と光触媒の化学がモノトーンのラジカル種単独の反応に豊かな彩りを与えたのである．とくに光レドックス触媒によるラジカル反応の展開が想像を超えるスピードで広がったことは，ジャーナルを手に取れば一目瞭然である．

　一方で習得すべき基本は変わらない．この10年期の改訂にあたっては一電子移動がからむラジカル反応の日進月歩の成果に手厚くページ数を割くとともに，本書の特徴である可能な限りの平易な解説を心がけた．本書を読み基礎を十分踏まえたうえで，最先端の文献の理解や新しい研究の着想に取り組んでほしい．

　有機化学がインターナショナルであるところはとても好きである．若い研究者には，舞台は世界であるという強い気持ちで研究への挑戦をつづけて欲しい．そして本書がその挑戦の一助となれば望外の喜びである．

　本改訂版においては新進気鋭のラジカル化学研究者である川本拓治博士の力を借りた．さらに本改訂版の上梓は丸善出版株式会社の長見裕子さんと熊谷現さんのご尽力なしには成し得なかった．このことを記して謝意を表したい．

　　2024年　初冬

著者を代表して　　　柳　　日馨

はじめに

　有機金属による合成反応にバックグラウンドをもつ私が，1988 年に園田　昇先生の研究室でラジカル反応の研究を始めたとき，ラジカル反応の化学をどう学ぼうかと悩んだことがあります．当時は有名な有機化学の教科書でもラジカル反応の記述はとても少なかったからです．アルケンへの臭化水素の anti-Markovnikov 付加やアルカンの光塩素化と NBS によるアリル位の臭素化などは，いろいろな教科書で共通してとりあげられていましたが，こうした知識で多様なラジカル反応を理解するにはまったく不十分でした．すでに研究が盛んに行われていたトリブチルスズヒドリドを用いるラジカル連鎖反応を取り上げた教科書も皆無でした．もちろん，教科書と日進月歩で進みゆくケミストリーの現場とではタイムラグがあるのは当然で，そのようなダイナミックな展開期にまとまった「教科書」を望むこと自体が不自然なのですが，それでは，30 年余りを経た 2015 年の今はどうでしょうか．多くの教科書では，トリブチルスズヒドリドを用いるラジカル連鎖反応こそ取り上げられるようになりましたが，依然としてラジカル反応の様々な側面を学ぶに十分な記述がなされているようには思えません．

　1990 年代に George，澤本，Matyjaszewski らが道を切り開き，リビングラジカル重合の本格的な研究が始まりました．その分野的革新は工業的応用とともに今も大きな流れとしてつづいています．そのリビングラジカル重合の理解もラジカル種が関与する素反応の理解から始まることはいうまでもありません．唯一，1986 年に Pergamon Press より出版された Giese による，"Radicals in Organic Synthesis: Formation of Carbon-Carbon Bonds" は，当時としては，多くの示唆に富む有機ラジカル反応の優れた入門書でした．それ以前に遡及するなら，例えば Walling による "Free Radicals in Solution" (Wiley, 1957) がありますが，ラジカル連鎖反応を学ぶ主対象は Kharasch 反応であったり，あるいは臭素化反応やそして制御されていないラジカル重合であったり，高度に制御された連鎖型反応はまだ到来していない「時代」であったことをこの本は教えてくれます．もう一つ，Kochi による "Organometallic Mechanism and Catalysis" が Academic Press から出版されたのは 1978 年のことでした．現在，盛んに取り組まれている電子移動を経るラジカル種の発生と反応機構を遷移金属種との関わりの中で議論した優れた成書で，多くの研究者が学んだことと思います．

　タンデム型ラジカル反応で優れた成果を発表し新進気鋭の Curran が 1988 年に著した *Synthesis* の総説は，基本データから出発してラジカル反応による合成反応をめざす学生や研究者にとっておおいなる助けとなりました．1980 年代は，まずトリブチルスズヒドリドをメディエーターとしたラジカル反応が隆盛し，そしてタンデム型環化反応による天然物の簡便合成の例が示されたことが特徴としてあげられます．物理化学者と有機合成化学者のコラボレーションがなされた時期でもありました．Ingold がトリブチルスズヒドリドのラジカル反応に関連する速度論データを明らかにした 1981 年の米国化学会誌の論文は 450 回以上の被引用度を誇りますが，この研究に関わった Chatgilialoglu は，この基礎的な速度論研究がここまで多く引用されるとはまったく想像できなかったと最近，私に語っていました．1990 年代はラジカルカルボニル化反応の夜明けでもあり，私自身も，一研究者としてラジカル反応による有機合成のいわばルネッサンスに参加できたことは大きな喜びでした．2000 年代には，グリーンケミストリーの立場から，脱スズ型のラジカル反応の研究が質的にも量的にも進展しました．とりわけ，可視光にエネルギーを得て進行する光レドックス触媒を用いるラジカル反応や電子移動を基軸とするラジカル反応の可能性が大きく広がっています．また，2014 年には「一電子を触媒」とする新概念が白川，Curran と Studer により，それぞれ提唱されています．

　本書は有機合成の立場からラジカル反応を扱っており，筆者がこの 15 年ほど，各大学の集中講義などで使用してきた独自のテキストに最近の流れを踏まえ加筆したものです．学部の有機化学を学んだ方々が，ラジカル反応を基本から学んでいけるようにと配慮しています．参考文献は各章で 10 前後を選定しタイトルとともに巻末に掲載していますので，さらに知識を得たい人はそれを手掛かりに，学びを深めてください．また理解度を確かめるために演習を途中に挟みました．反応のメカニズムをたたきこみ，応用につなげる訓練は反応を構想するためにもとても大事です．

　科学の進歩は自然には起こりません．すべて個人の発見であり，極めて人間的ともいえる試行錯誤の研究を営む中でもたらされるものです．ラジカル反応の研究も例外ではありません．本書を読んだ方々がラジカル反応に対する理解を深め，研究を志す企業の方々にも学生にも，ともに「基礎体力」がつく有益な本になることを心から望んでいます．

　本書の刊行は，丸善出版株式会社の糠塚さやかさん，長見裕子さんのご尽力なしには成しとげられませんでした．この場を借りまして感謝を申し上げる次第です．

　　2015 年　春

柳　　日馨

目　　次

1

ラジカル種とその安定性

炭素ラジカル種と関連する炭素活性種

ラジカルは不対電子をもつ常磁性化学種であり，フリーラジカルとも称されるが，さまざまな元素のラジカル種が存在する．とりわけ炭素ラジカル種は炭素-炭素結合生成の中間体として機能することから有機合成化学や重合化学において活用可能であり，古くから注目されてきた．まず，メタンを基準とした炭素化学種を考えてみよう．メタンは四つの sp^3 混成軌道とそれぞれに対応した水素の $1s$ 軌道との重なりによる σ 結合からなる安定な分子である．仮にこのメタンから形式的に水素を取り去るとした場合，3種の反応活性種が考えられる(図1·1)．メタンより水素原子を取り去る場合，水素原子が去った位置で結合はキャンセルされ，発生する炭素活性種には電子が一つ残る．これがメチルラジカルである．メチルラジカルにおいては炭素まわりの価電子の数は7でオクテット(安定8電子構造)を満たしてはおらず，電子欠損種となる．一方，電子の授受関係はなく電気的には中性であり，正負号はつかない．メタンから水素イオン(プロトン)を取る場合，発生する炭素活性種はオクテットを満たし

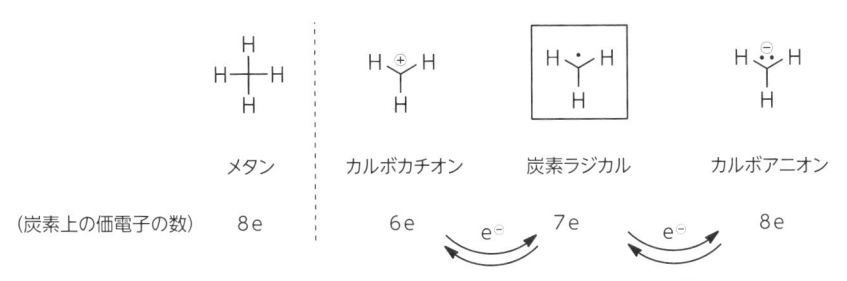

図1·1 メタンを母核とする反応活性種と電子移動による相互変換

ているが，その8電子のうちの一つは去っていった水素イオンが本来もっていた電子であり，電気的には一つ電子が多い状態の −1 となる．この炭素種はメチルアニオン（カルボアニオン）である．一方，メタンからヒドリドイオン（水素アニオン）を取り去るときに生成するのは価電子が6の電子欠損種である．本来炭素がもっていた電子が一つ水素に取り去られた形であり，電気的には +1 となる．この場合，生成するのはメチルカチオン（カルボカチオン）である．これらのメタンを基準とした炭素活性種は水素をアルキル基に置換するとともに安定性が変化する．すなわち，アルキル基は超共役により電子を供与する性質があるため，炭素ラジカル種やカルボカチオン種は，アルキル置換基によって電子欠損状態が緩和されることから，安定化を受ける．一方，カルボアニオンにおいてはアルキル置換基の電子供与効果によってさらにアニオン性が増すために不安定化される．よって炭素ラジカル種や炭素カチオン種においては第三級のものが第二級のものよりも安定となる．メチルラジカルは無置換であるため，決して安定なラジカルではない．

　図1·1にはこれら3種の活性種の関係性も示した．すなわち，メチルラジカルに1電子を与えるとカルボアニオンとなり，1電子を取り去るとカルボカチオンになる．逆の1電子過程はメチルラジカルを与える過程でもある．これらの電子移動反応が起こりやすいかどうかは酸化還元試薬の電子移動能力と生成する活性種の安定性に関連するが，これは本書で学んでいくこととしよう．

安定なラジカル種とは

　では，どのようなラジカル種が安定といえるのだろうか．安定の定義には熱力学的安定と速度論的安定がある．熱力学的安定がそのラジカル種自身の寿命，すなわち自己分解のしやすさとするならば，速度論的安定はそのラジカル種の各種反応（カップリング，不均化，酸化，水素引抜きなど）による失われやすさと考えることができる．たとえば，本来は反応性が高いラジカルであっても，ラジカル中心がかさ高い置換基で囲まれているならば，反応試薬による接近が著しく困難となることから，このラジカルは速度論に基づく安定性を備えることになる．一般に，アルキルラジカルやフェニルラジカルなどの炭素ラジカル種は速度論的に不安定で短寿命である．対照的に一酸化窒素や 2,2,6,6-テトラメチルピペリジン 1-オキシル（TEMPO：2,2,6,6-tetramethylpiperidine 1-oxyl）は安定なラジカル種であり，われわれの身近に存在する空気中の酸素は基底状態で三重項であり，二つの不対電子をもつ基本的に安定なビラ

ジカルと見なすことができる．三重項酸素は，ラジカル種とすばやく反応することから，酸化を目的としない通常のラジカル反応を実施する際にはこれを除去し，窒素やアルゴンなどの不活性ガス雰囲気下で行うのがつねである．

　構造設計により，安定化を果たしたラジカル種の例がいくつか知られている（図1・2）．たとえばπ系で安定化され，かさ高い置換基をもつフェナレニルラジカルの結晶が二層構造をもってきれいに単離されることが中筋らにより見出されている．一方，久保らは立体障害を有しない安定ラジカルの単離と同定に成功している．スピンの非局在化が広範囲に広がっており，二量化反応が妨げられている．かさ高い t-Bu 基をもつ下記のケイ素置換がなされたスズラジカルは驚くべきことに安定な結晶であることが，関口らにより明らかにされている．またフェノールを酸化して得られるフェノキシラジカルは不安定であるが，t-Bu 基で置換したものは安定に単離できる．またガルビノキシルも安定ラジカルである．

　一方，図1・3に示すトリフェニルメチルラジカルはベンゼン環のπ共役かつそのかさ高さによって安定化されるラジカルであるが，オルト位の水素による立体反発のために平面構造をとることができず，プロペラ形構造となる．1900年にMichigan大学のM. Gombergはベンゼン中でトリフェニルメチルラジカルがその二量体との平衡下に安定に存在することを提唱した．Gombergは当時，亜鉛で塩化トリフェニルメチルを還元することで得られた無色結晶をトリフェニルメチルラジカルのカップリン

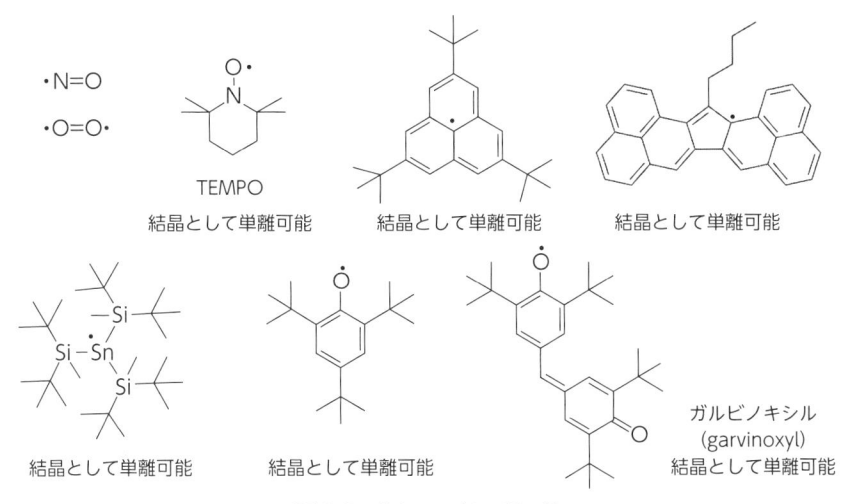

・N=O

・O=O・

TEMPO
結晶として単離可能

結晶として単離可能

結晶として単離可能

結晶として単離可能

結晶として単離可能

ガルビノキシル
(garvinoxyl)
結晶として単離可能

図1・2　安定なラジカル種の例

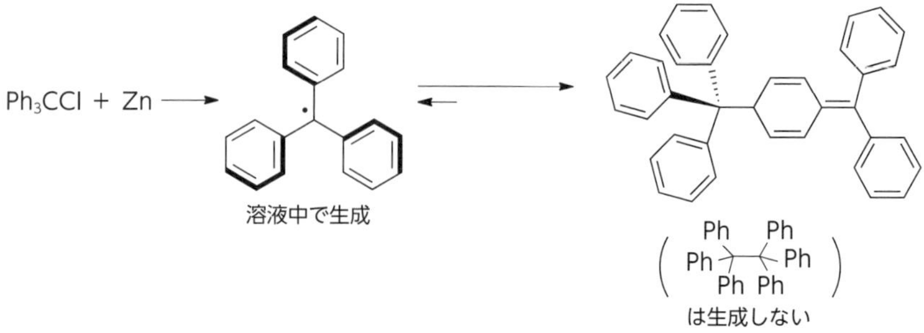

図1·3 Gomberg によるトリフェニルメチルラジカルの発見とその二量体の生成

グ二量体であるヘキサフェニルエタンと考え，この結晶をベンゼンに溶解させると黄色を呈することや，酸素との反応ではトリフェニルメチルラジカル由来の過酸化物が得られることを確認し，溶液中でトリフェニルメチルラジカルが平衡下に存在できることを示した．実は，二量体の構造は Gomberg が提唱したヘキサフェニルエタンではなくパラ位で結合生成が起きた構造であることが 70 年後に明らかにされた．しかし Gomberg により化学者は「安定なラジカル」を初めてイメージすることができ，その後，100 年あまりの歴史を経て，数多くの炭素ラジカルの生成が次々と証明されるようになるとともに，現在の分野的隆盛へと導かれてきたことから，Gomberg の研究をラジカル化学の起源とすることができる．

　フリーラジカル種は常磁性であるため，電子スピン共鳴(ESR：electron spin resonance)分光法により検出することができる．ESR は電子常磁性共鳴(EPR：electron paramagnetic resonance)ともよばれる．磁場の中におかれたラジカルは高いエネルギー準位に遷移することで二つの可逆状態が生じる．高エネルギー準位のものがわずかに多いことからエネルギーの吸収がみられる．このとき，ラジカル種の電子スピンは，周囲の元素の核スピンとの相互作用を示すことから，その相互作用に基づく吸収スペクトルの分裂パターンが現れる．これを解析し，構造情報を導き出すことができる．核磁気共鳴スペクトル(NMR：nuclear magnetic resonance)と原理は近いが，NMR が核スピンの励起を扱うのに対し，ESR はラジカルのスピン電子の励起を扱う点が異なる．

　メチルラジカルの ESR 測定では，三つの等価な水素核により 23 G (2.3 mT)幅の四重線となって吸収が現れる(図1·4)．一方エチルラジカルでは α 炭素の二つの水素核により 26.9 G 幅の三重線に，β 炭素の三つの水素核による 22.4 G (2.24 mT)の四重線

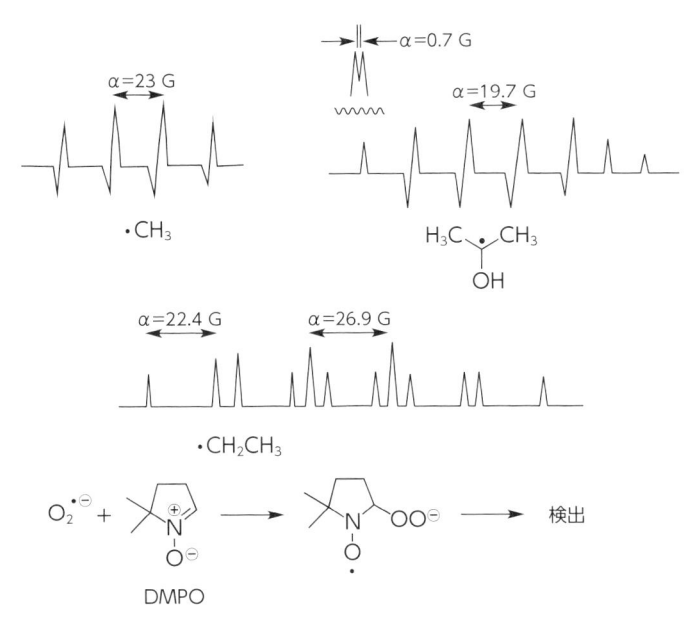

図 1・4 メチル，エチル，2–ヒドロキシ–2–プロピルラジカルの ESR シグナルと DMPO によるスーパーオキシドの捕捉

が重なり，全体で 12 本の分裂線となってピークが現れる．イソプロピルアルコールのメチン水素の引抜きによって生成する炭素ラジカルでは六つの等価なメチル水素により 19.7 G (1.97 mT) の七重線が観測される．そしてそれぞれのピークはヒドロキシ基の水素とのカップリングによる 0.7 G (0.07 mT) の小さな分裂がみられる．短寿命ラジカルの場合にはシグナルが弱く ESR の測定が困難な場合も少なくない．そのような場合にスピントラップによる間接的な検出法が用いられる．すなわち，スピントラップ剤とよばれる試薬を用い，反応によって短寿命ラジカルを安定なラジカルに誘導し，これを ESR 測定する方法である．5,5–ジメチル–1–ピロリン–N–オキシド（DMPO：5,5-dimethyl-1-pyrroline-N-oxide）や N-t–ブチル–α–フェニルニトロン（PNB：N-t-buthyl-α-phenylnitrone）はそのような用途に用いられるスピントラップ剤である．図 1・4 の下段には活性酸素の一つであるスーパーオキシド $(O_2^{\cdot -})$ の DMPO による捕捉例を示した．

　また NMR 分光計を用いてラジカル種の検出を行う方法としては，CIDNP (chemically induced dynamic nuclear polarization) 法が知られる．NMR 分光器の磁場の中でラジカル反応を行うと核スピンの動的な分極が化学反応によって誘起され，反磁性である

生成物のスペクトルに減衰や強い吸収が観測される現象がみられる．一般に，光照射下でのCIDNP実験では，NMR分光器内のLEDによるその場照明を組み込んだ測定デバイスも開発されており，光化学反応機構の解明への利用もなされている．

酸素分子のラジカル種としての反応性

　酸素分子の高い反応性をその分子軌道から考えてみよう．酸素原子の基底状態は $1s^2\,2s^2\,2p^4$ であるが，2p軌道についての分子軌道を図1・5に示す．結合性分子軌道に6個の電子を振り分けてもなお2個の電子が残り，Hundの法則に従って π^*2p に一つずつ収納される．したがって，酸素分子はもっともエネルギーの高い2個の電子が対をつくらず，同じエネルギーレベルの別の軌道に一つずつ収納される．このことから酸素分子は常磁性をもつビラジカル分子としてはたらくことが理解される．

　酸素のビラジカル性を認識することで，日常的に遭遇する自動酸化(autoxidation)に分類される事象が理解できる(図1・6)．実験有機化学者の心得でもあるが，時間のたった瓶に残っているオレフィンを蒸留するときには一般に残渣を多めに残す．古いTHF(テトラヒドロフラン)の蒸留においてもしかりである．これは，長期保存の結果，空気中の酸素による酸化反応が起こり，過酸化物であるヒドロペルオキシド類が生成することと関連している．これらペルオキシドの沸点は，酸素の取込みにより分子量が増加することから必然的に蒸留対象の化合物より沸点が高くなる．よって高濃度に煮詰まったところで，さらに高温加熱すると爆発する危険がある．また，一般にアルデヒドは空気で容易に酸化され，カルボン酸に転化する反応がみられるが，これも酸素ビラジカルによるホルミル基の水素引抜き反応に端を発し，過酸の生成を経由

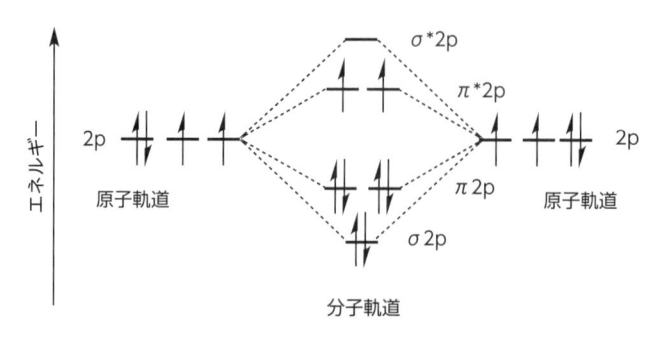

図1・5　酸素の分子軌道

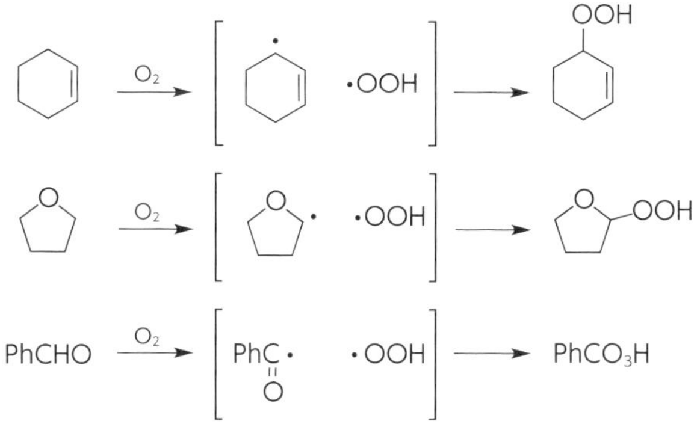

図 1·6 酸素による自動酸化の例

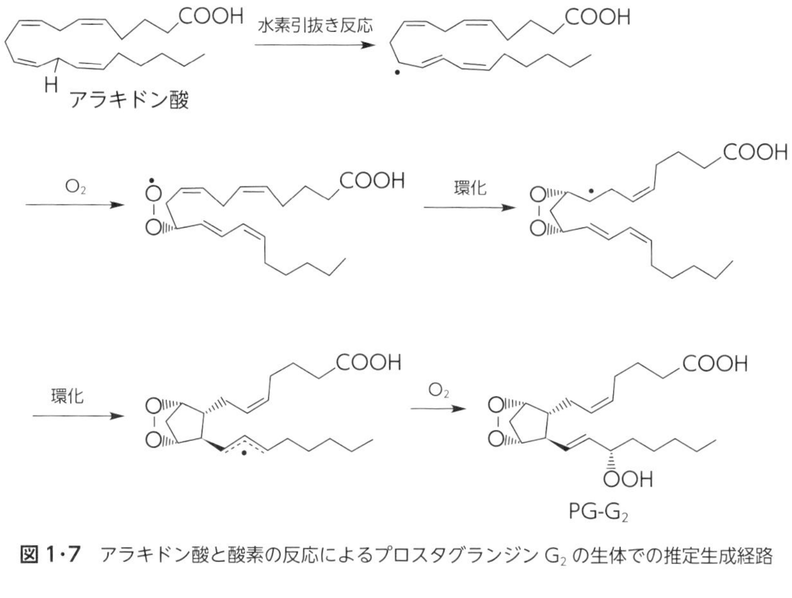

図 1·7 アラキドン酸と酸素の反応によるプロスタグランジン G$_2$ の生体での推定生成経路

するものと考えられる.

　五員環構造を含めて C20 の炭素鎖をもつプロスタグランジン類は生理活性脂質として知られるが,過酸化物であるプロスタグランジン G$_2$ の生成は生体内でのアラキドン酸と酸素の反応によるものと考えられている.試験管内でこの反応過程を再現することができるが,立体制御は難しい.一方,生体内反応においては完全な立体制御が行われている(図 1·7).

炭素ラジカルの構造：πラジカルとσラジカル

　一般に炭素ラジカルはピラミダル構造をとることができる．また立体構造を容易に反転させる（図 1·8）．ビニルラジカルもその立体構造を反転させるが（図 1·8），この反転速度は 140 K で $>10^7\,\mathrm{s}^{-1}$ ときわめて速いため，*cis* 構造をもつビニルラジカル前駆体と *trans* 構造をもつビニルラジカル前駆体のどちらからラジカルを発生しても，発生時の立体構造は保たれない．よって反応の立体特異性は一般に発現せず，捕捉反応後の結果は同じとなる．これらのラジカル種における立体化学の反転は中間に π ラジカルを経るものとして説明される．

　平面構造のラジカルは p 軌道性が 100%のラジカルであり，これを π ラジカルと定義する．これに対して，ピラミダル構造をとるラジカルは s 軌道性が混ざる．p 軌道

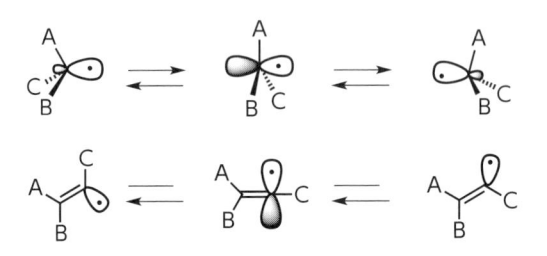

図 1·8 ラジカルの構造と立体反転

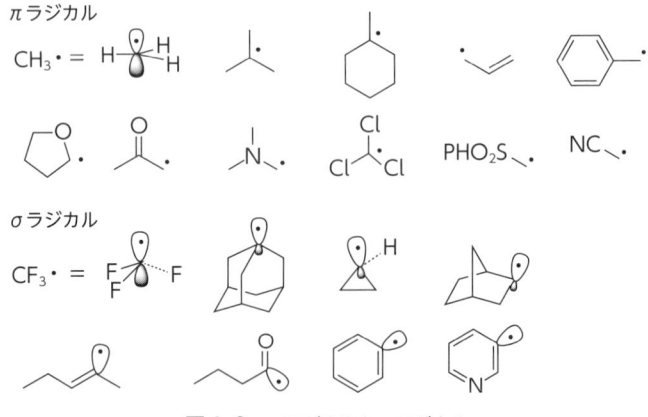

図 1·9 σ ラジカルと π ラジカル

性が 100% より少ないラジカルはσラジカルとして定義される．図 1·9 に例示したように，各種のアルキルラジカルは一般にπラジカルとして存在するが，一方でアルキルラジカルであっても環のひずみのため平面構造をとることができないラジカルは，σラジカル構造をとる．図に示したシクロプロピルラジカル，アダマンチルラジカルそしてノルボルニルラジカルなどはそのような例である．メチルラジカルとは対照的にトリフルオロメチルラジカルはσラジカルである．またフェニルラジカルやビニルラジカル，アシルラジカルはσラジカルとして存在する．

置換基によるラジカルの安定化：σ－π超共役とπ共役

一般にアルキル置換の多い炭素ラジカル種がより安定である．図 1·10 に，ラジカル中心に置換基による安定化が機能する例を示した．アルキル置換された炭素ラジカルにおいては，ラジカル種のスピンの入った軌道に隣接するアルキル基がσ－π超共役(hyperconjugation)により安定化に寄与する．したがって，先に述べたメチルラジカルは置換基による安定化の貢献がなく，不安定な炭素ラジカルといえる．またベンジルラジカルやアリルラジカルはπ共役を受けることによって安定化される．さらに，カルボニル基のα位のラジカル種や，シアノ基のα位のラジカル種はそれぞれの隣接基による共鳴安定化を受ける．酸素原子や窒素原子が直接ついた炭素ラジカルもこれら隣接原子のπ軌道とラジカル種の入った軌道との相互作用で安定化される．糖誘導体ラジカルの例においては隣接する酸素によりラジカルの構造が保たれる．なおこのラジカルは結合生成の際にはアンチペリプラナー(anti-periplanar)の遷移状態を経ることから，アキシアル位での結合形成が優先して起こる．これをラジカルアノ

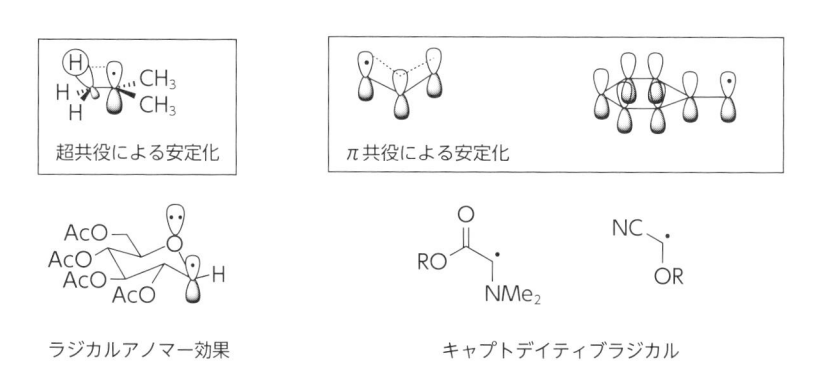

超共役による安定化 π共役による安定化

ラジカルアノマー効果 キャプトデイティブラジカル

図 1·10　炭素ラジカルの安定化

マー効果という．また，ラジカル炭素に電子求引基と電子供与基がともについたラジカルは一般に大きな安定化を受ける．このようなラジカルをとくにキャプトデイティブラジカル（captodative radical）と称する．

コラム 1 ┃ ラジカル反応と人名反応

　ラジカル反応で人名反応となっている例はいくつもあるが，発音は現地のものに従うようにしたい．たとえば Giese 教授はドイツ系のスイス人であり，長く Basel 大学で研究され現在は Lausanne 大学で研究をつづけられているが，Giese 反応の発音はギーゼ反応が好ましい．5 章で扱う Minisci 教授は Milano 大学で研究され，いわゆる Minisci 反応が有名だが，ミニッシ反応がよいであろう．北米系の研究者の中ではなんとミニスキー反応と発音する人がおり，ロシア人的になってはなはだややこしい．写真は 2024 年 6 月に開催された Bern Symposium on Radical Chemistry で Serendipity in Radical Chemistry の演題で特別講演される Giese 教授である．

演習で理解しよう　ラジカル反応のメカニズム：1

A. 次に示したガルビノキシルラジカル(galvinoxyl radical) は融点が 158 〜 159℃の結晶で安定なラジカルである．その構造を考察し，安定性の理由を述べよ．

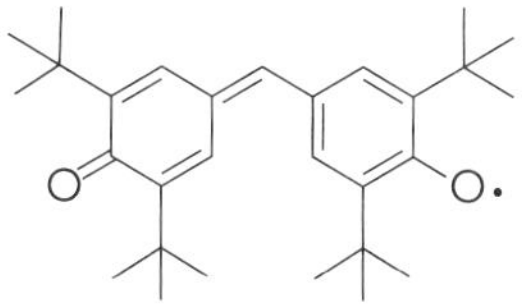

B. ビニルラジカルは一般に σ ラジカルに分類されるが，フェニル基がついた場合には π ラジカルとして直線構造をとる．このビニルラジカルの臭化アリルへの付加では下記のように 80：20 の立体選択性がみられた．この理由を考えよ．

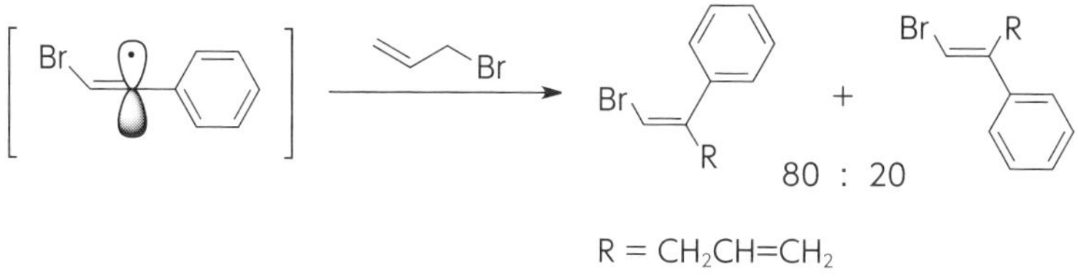

80 : 20

$$R = CH_2CH=CH_2$$

C. トリメチルオキシラニルラジカルの ESR 測定では 3 種類のメチル基が観測された．このラジカルの構造は σ ラジカルか π ラジカルかを考察せよ．

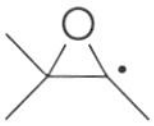

D. 以下のラジカルによる重水素の引抜き反応は立体選択的に起こる．この理由を述べよ．

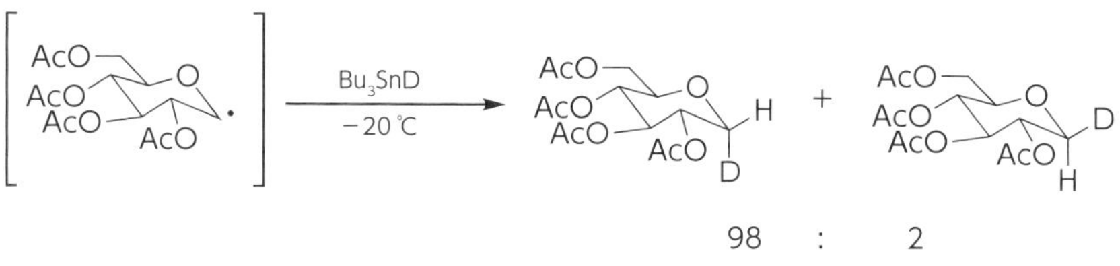

98　：　　2

2

ラジカル反応の種類と制御ファクター

代表的なラジカル反応のまとめ

　ラジカル反応の種類はそれほど多くはない．一般的なラジカル反応の種類を表2·1にまとめる．ホモリシスとその逆反応であるカップリング反応，不均化反応，不飽和結合への付加反応とその逆反応であるβ開裂反応，原子移動反応(ラジカル置換反応)などが知られている．ハロゲン引抜き反応，水素引抜き反応などはすべて原子移動反応に分類される．本章では炭素ラジカルの性質や反応挙動に焦点を当てながら，代表的なラジカル反応のパターンについて解説するが，あくまでも基本は表2·1の分類にある．なお，ラジカル反応で重要な電子移動に関連する一電子還元や一電子酸化に関しては5章で詳しく取り上げる．

表 2·1　ラジカル反応の分類

ホモリシス	A−B	⟶	A・　B・
カップリング	A・　B・	⟶	A−B
不均化	2A・	⟶	A (−H)　A (+H)
付　加	A・　=	⟶	A＿・
β開裂	A＿・	⟶	A・　=
原子移動 (ラジカル置換)	A・　B−C	⟶	A−B　C・

ホモリシス

　もっとも基本的なラジカル種の発生法は単結合の開裂，すなわちホモリシス(均等開裂)である．弱い単結合をもつ化合物は光照射や加熱により容易にホモリシスを起こす(図2·1)．たとえば，ハロゲンにおいてはヨウ素，臭素，塩素は光照射条件でホモリシスを起こし，対応するハロゲンラジカルを生成する．また，カルコゲン-カルコゲン結合をもつ化合物であるジフェニルジスルフィド，ジフェニルジセレニド，ジフェニルジテルリドなどは光照射条件でホモリシスを起こし，対応するカルコゲンラジカルを発生させる．また，各種のジアルキルペルオキシドは光照射のみならず加熱によってもホモリシスを起こしアルコキシラジカルを発生させる．炭素-炭素結合のホモリシスは一般に高加熱条件を必要とするが，同族のスズ-スズ結合はより低い温度や光照射下でホモリシスを起こす．また，二核錯体であるマンガンカルボニル($Mn_2(CO)_{10}$)も光照射によるホモリシスを生起し，マンガンカルボニルラジカル($\cdot Mn(CO)_5$)を与える．

　一方，炭素-ハロゲン結合のホモリシスは高周期ハロゲンにおいて顕著であるが，その起きやすさは結合の強さを反映している．炭素と17族である4種のハロゲン元素との結合解離エネルギーは，炭素-ヨウ素結合がもっとも弱く，そして炭素-臭素結合が弱く，次に炭素-塩素結合となり，炭素-フッ素結合がもっとも強い．炭素-フッ素結合はたいへん安定であり，この結合のホモリシスは通常条件ではきわめて困難であるのに対して，炭素-ヨウ素結合をもつ化合物はホモリシスを起こしやすい．一般にホモリシスによって安定な炭素ラジカルが生成する場合にはホモリシスがより起こりやすい．

　弱い炭素-ヘテロ元素結合をもつものはハロゲン化合物に限らない．炭素-16族元素の結合においては，炭素-セレン，とりわけ炭素-テルル結合を開裂させるのは比較的容易である．一方で炭素-酸素結合は強固であり，これをホモリシスさせることは一般に困難である．実験室で経験することではあるが，ヨウ素化合物やテルル化合物は光に弱く分解しやすいのでアルミホイルで遮光を行う．これは光のエネルギー吸収

$$\text{X--X} \xrightarrow{\Delta \text{ または } h\nu} 2\,\text{X}\cdot$$

X = Cl, Br, I, OR, SR, SeR, TeR, SnBu$_3$, Mn(CO)$_5$, etc.

図 2·1　光または熱条件下でのホモリシスによるラジカルの発生

を経たホモリシスによる分解を妨げるためである.

ホモリシスによるラジカル生成を工業化につなげた例が知られている.ナイロン6の合成原料である ε-カプロラクタムは,その前駆体であるシクロヘキサノンオキシムより酸性条件下で Beckmann 転位により合成されるが,そのシクロヘキサノンオキシムは,塩化ニトロシルとシクロヘキサンとの光ラジカル反応で合成される(東レ法).すなわち,塩化ニトロシルの光照射によるホモリシスで生成した塩素ラジカルはシクロヘキサンから水素を引き抜き,シクロヘキシルラジカルを生成させる.シクロヘキシルラジカルは一酸化窒素とのカップリングを起こし,ニトロソシクロヘキサンに変換される.その後,プロトン移動を伴ってシクロヘキサノンオキシムが得られる(図2·2).なお,ラジカル反応の反応機構の説明ではこの例に示したように曲線の半矢印で電子の動きを示し理解を促すことが通例であることに留意してほしい.なお,塩化ニトロシルからホモリシスで生成した一酸化窒素は安定なラジカルであるのに対して,塩素ラジカルは反応性ラジカルである.こうした反応性の異なるラジカルの組み合わせは後述するように persistent radical/transient radical のペアラジカルとして定義され,このようなペアラジカルは合成反応のみならず,リビング重合反応でも数多く応用されている.

炭素-炭素結合のホモリシスは通常の条件では起こらないが,高温での加熱や光照射により生起させることができる.ケトンに関しては,光照射によってカルボニル基の励起が起こるため,つづく分解過程が容易に引き起こされる.図2·3の例ではカルボニル基の n–π 光励起を経てホモリシスが起こり,アシルラジカルとアルキルラジカルのペアが生成する.この分解過程は Norrish I 型反応として知られる.生成したアシルラジカルは,共存させたチオールより水素を引き抜きアルデヒドを与える.近

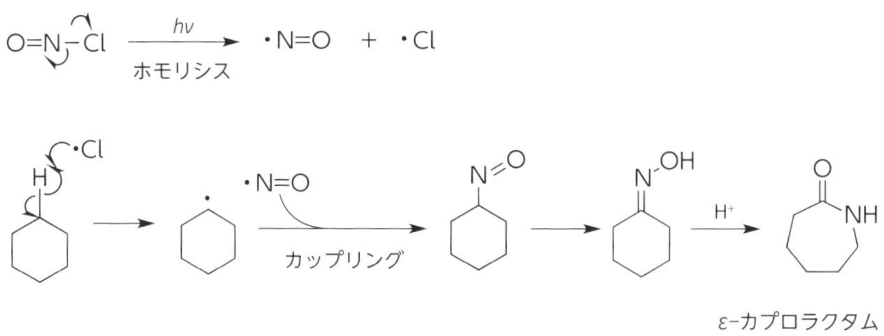

図2·2 塩化ニトロシルのホモリシスを活用した工業的 ε-カプロラクタムの合成法(東レ法)

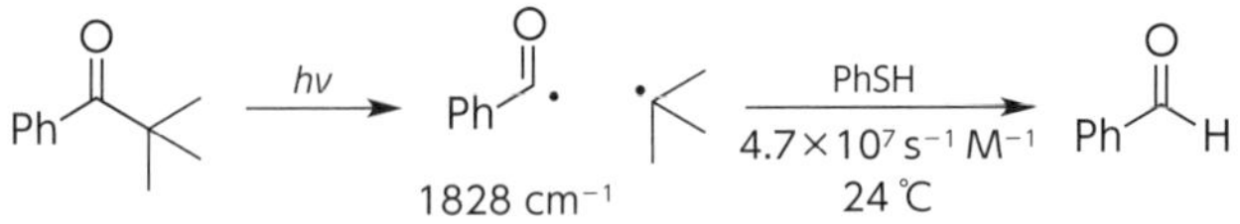

図 2·3　ケトンの Norrish I 型の光分解反応

年注目を集めている光分解性プラスチックにポリケトンの使用が検討されているが，Norrish I 型反応による C–C 結合開裂を想定していることはいうまでもない．

　ホモリシスや置換型のラジカル反応の生起を予想するのに，結合解離エネルギーはつねによい指標となる．表 2·2 に代表的な結合のデータをまとめた．アルカンの C–H 結合の場合，$CH_3–H(105) > RCH_2–H(101) > R_2CH–H(98) > R_3C–H(95)$ の順であり，この順序は生成ラジカルの安定性（第三級＞第二級＞第一級）と対応する．メタノールの O–H 結合は $105\ \text{kcal mol}^{-1}$ であることから，潜在的にメトキシラジカルは第一級から第三級までの C–H 結合（$< 105\ \text{kcal mol}^{-1}$）より水素を引き抜くことができるものと予想される．これとは対照的に，フェノールの O–H 結合は $86\ \text{kcal mol}^{-1}$ と弱く，時に水素供与を行うことが知られている．なお，一般にラジカル反応は水を溶媒として実施できることも，この表からその理由を見つけることができる．すなわち，水の O–H 結合は $119\ \text{kcal mol}^{-1}$ と強く，通常の炭素ラジカルが水から水素を引き抜くことが困難だからである．また分子状水素の結合解離エネルギーは $104\ \text{kcal mol}^{-1}$ と比較的大きいため，通常のラジカル種が水素分子から水素を引き抜くことも困難といえる．フッ素ラジカルやヒドロキシルラジカルはとくに高い水素引抜き能力を有するが，こ

表 2·2　各種単結合の結合解離エネルギー [kcal mol^{-1} (kJ mol^{-1}) at 300 K]

$CH_3–H$	105 (439)	$H–F$	136 (569)	$RO–OR$	37 (155)
$CH_3CH_2–H$	101 (423)	$H–Cl$	103 (431)	$CH_3–CH_3$	89 (372)
$(CH_3)_2CH–H$	98 (410)	$H–Br$	87.5 (366)	$F–F$	38 (158)
$(CH_3)_3C–H$	95 (404)	$H–I$	71 (297)	$Cl–Cl$	58 (243)
$CH\equiv C–H$	130 (544)	$C_2H_5–Cl$	81 (339)	$Br–Br$	46 (193)
$CH_2=CH–H$	110 (460)	$C_2H_5–Br$	69 (289)	$I–I$	36 (151)
$C_6H_5–H$	111 (465)	$C_2H_5–I$	53 (222)	$(CH_3)_3Si–H$	90 (377)
$H_2C=CHCH_2–H$	87 (364)	$CH_3S–H$	92 (385)	$(n\text{-}C_4H_9)_3Sn–H$	74 (310)
$C_6H_5CH_2–H$	89 (372)	$C_6H_5S–H$	82 (343)	$((CH_3)_3Si)_3Si–H$	84 (352)
$C_2H_5OCH_2\!\!\underset{H}{}$ CH$_3$	92 (385)	$CH_3CO\!\!\underset{H}{}$	89 (374)	$H–H$	104 (435)
$CH_3COCH_2\!\!\underset{H}{}$	92 (385)	$NCCH_2–H$	86 (360)	$HO–H$	119 (498)
				$HOO–H$	88 (368)
				$CH_3O–H$	105 (439)
				$C_6H_5O–H$	86 (360)

表 2·3 環状化合物の C–H 結合の結合解離エネルギー[kcal mol^{-1}]

▷–H 106	[cyclobutane]–H 100	[cyclopentane]–H 96
[cyclohexane]–H 98	[cyclohexene]–H 87	[cyclohexadiene]–H 74
[dihydropyridine]–H 69	[tetralin]–H 83	[dihydroanthracene]–H 75

れは結合エネルギーの利得(136 および 119 kcal mol^{-1})が際立って大きいことと関連している.

　つづいて表 2·3 には環状化合物の C–H 結合の結合解離エネルギー(kcal mol^{-1})を示した. シクロプロパンの C–H 結合は強いためその水素引抜きは容易ではない. 水素引抜きで生成するラジカルが共鳴安定化できる場合には, 共鳴系の広がりによって C–H 結合が弱くなる傾向を読み取ることができる.

カップリングと不均化反応

　ホモリシスの逆反応はカップリング(coupling)反応である. ラジカル種とラジカル種のカップリングは発エルゴン反応であり, 拡散律速($10^{9 \sim 10}$ M^{-1} s^{-1})に近い速い速度で進行する. 拡散律速に近いということを言い換えれば, 活性化エネルギーが小さく, 出合えば即座に反応するきわめて速い反応と考えてよい. 一方でカップリング反応には立体的な要素が大きくはたらく. すなわち, 直鎖構造である *n*-ヘキシルラジカルの場合はカップリングがたやすく起こるが, 構造が立体的に込み入り, かつ β 炭素に水素をもつ炭素ラジカルの場合には水素引抜きによる不均化(disproportionation)が競争して起こる(図 2·4). たとえばシクロヘキシルラジカルの場合にはカップリングと不均化は速度定数がほぼ同じとなるが, *t*-ブチルラジカルの場合は立体障害が大きいため不均化の速度がカップリングに勝る. なお, これらの反応はラジカル種の化学量論反応を想定しており, 多くのラジカル連鎖反応では発生ラジカル種の濃度は低く, かつラジカル種が反応相手となる試薬の濃度が著しく大きいため, カップリング

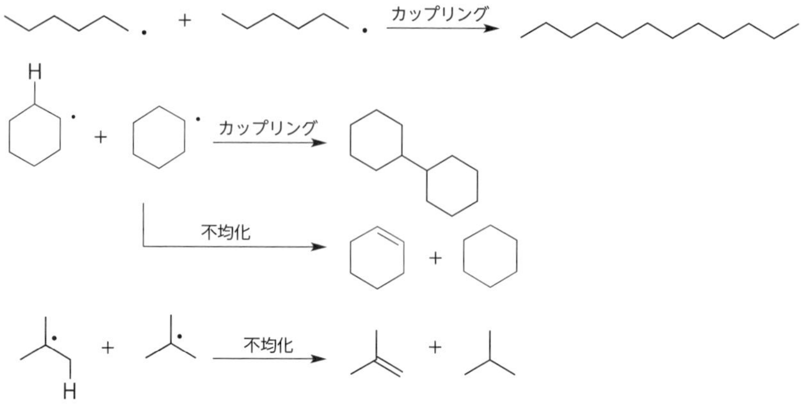

図 2·4　アルキルラジカルの 2 分子反応：カップリングと不均化

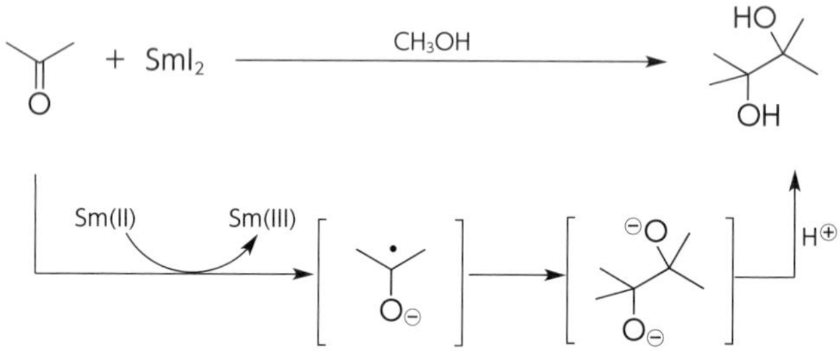

図 2·5　ヨウ化サマリウム(II)によるピナコールカップリング

や不均化といったラジカル同士の反応は主たる反応コースにはならないことにも留意すべきである.

　アセトンを各種の還元性の金属種で処理すると還元的な二量化が進行する. ピナコールカップリングとよばれるこの反応は，一電子還元とともに生成したケチルラジカル同士のカップリングによるものである. 図 2·5 に一電子還元剤として知られるヨウ化サマリウム(II)によるピナコールカップリングの例を示す.

ラジカル付加反応

　臭化水素の末端アルケンへの付加反応においては，イオン的に起こる場合とラジカル的に起こる場合があるが，付加の位置選択性で反応機構を判別することが可能であ

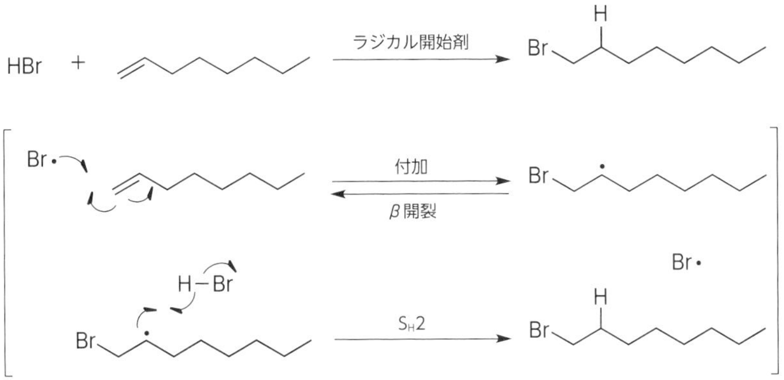

図 2·6 臭化水素による 1-オクテンへのラジカル付加反応と連鎖型の反応機構

る．すなわち形式的に水素がオレフィン末端に付加する Markovnikov 型の付加が起こればプロトン主導によるイオン付加反応と考えられ，臭素が末端に付加する anti-Markovnikov 型の付加が起こればラジカル付加反応と考えられる．図 2·6 に 1-オクテンへの臭化水素のラジカル付加反応を示す．この反応では臭素ラジカルが立体的に込み入らないアルケン末端に付加することで，安定な第二級アルキルラジカルが優先して生成する．この付加反応は β 開裂との可逆反応であるが，臭化水素から水素を引き抜くことで付加体に導かれる．再び発生した臭素ラジカルはアルケン末端に付加を起こし，連鎖的に反応が進行する．なおこの水素引き抜き反応は後述するラジカル置換反応(S_H2 反応：bimolecular homolytic substitution)に相当する．

　第 4 周期元素である臭素ラジカルとは対照的に第 3 周期に属する塩素ラジカルのアルケンへの付加はより緩慢である．第 3 周期に属するチイルラジカル(RS·)のアルケンへの付加は速い反応であるが，第 2 周期の同族体であるアルコキシラジカル(RO·)のアルケンへの付加は遅い．アルコキシラジカルや塩素ラジカルは付加が遅い分，C-H 結合からの水素引き抜き反応が優先する場合がよくみられる．

　通常のアルキルラジカルは求核的性質をもつことから，末端アルケンへの付加は一般に遅い．一方，アルキルラジカルがハロゲンやカルボニル基などで置換されると求電子的となりアルケンへの付加は効率よく進行する．ブロモトリクロロメタンの1-オクテンへのラジカル付加反応の例を図 2·7 に示す．この反応ではラジカル開始過程により生成したトリクロロメチルラジカルが立体的に混み入らないアルケン末端に選択的に付加し，第二級ラジカルを生成させる．生成したラジカルはブロモトリクロロメタンの臭素を引き抜くことで(炭素-臭素結合は炭素-塩素結合より弱い)トリクロ

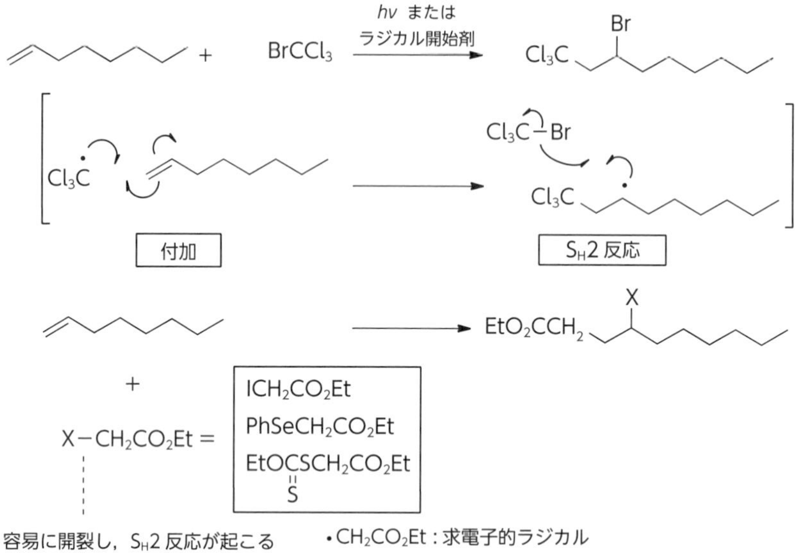

図 2·7　Kharasch 反応の例と連鎖型の反応機構

ロメチルラジカルを再生させ，反応は連鎖的に進行する．まとめると，この反応では最初にラジカルの二重結合への付加反応（通常可逆反応で逆反応は β 開裂反応），つづいてラジカル置換反応（S_H2 反応）が起こり，生成物とともにあらたにラジカル種が生成する．この反応の歴史は古く，開発者である Chicago 大学の Kharasch 教授に敬意を表して Kharasch 反応とよばれている．Kharasch 反応は塩化銅(I)をレドックス触媒としても進行する（5 章参照）．また Kharasch 反応の応用は広く，α-ヨード酢酸エチルや α-セレノ酢酸エチルを用いた例や，キサントゲン酸エステルの誘導体を用いた例もある．この反応のポイントはラジカル連鎖を起こすために，炭素-ヘテロ元素結合が切れやすいことであるが，このことは安定ラジカルの生成を意味している．生成した酢酸エチルの α 位のラジカルは電子不足種であり，アルケンやエノールエーテルに対して高い付加能力をもつことも反応を成功に導いている．

　Kharasch 反応にとどまらず，ラジカル付加反応を経てさまざまな元素を不飽和結合に導入することが可能である（図 2·8）．これらの付加につづくラジカル置換反応段階（S_H2 反応）ではラジカル種への原子および原子団の移動が伴うことから，原子移動反応（atom transfer reaction）あるいは原子団移動反応（group transfer reaction）と称される．なお，一般に第 1 段階の付加は β 開裂との可逆過程である．

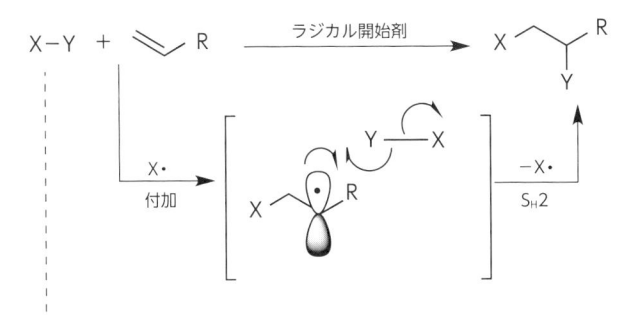

Cl$_3$C−Cl, Cl$_3$C−Br, MeOCOCH$_2$−Br, MeOCOCH$_2$−I, MeOCOCH$_2$−SePh,
Bu$_3$Sn−H, Bu$_3$Ge−H, (TMS)$_3$Si−H, PhS−H, PhSe−H, (EtO)$_3$P(O)−H, Br−H,
Br−Br, PhS−SPh, TolSO$_2$−Cl, TolSO$_2$−Br, TolSO$_2$−I, TolSO$_2$−SePh, etc.

図 2·8 アルケンへのラジカル付加反応：付加と置換からなる反応機構

　アルキルラジカルの求核性から，電子求引基を有するアルケンへの付加は効率的に起こる．このことを体系化したのはスイスの Bernd Giese 教授であり，そのような合成反応は Giese 反応とよばれ，3 章「連鎖型ラジカル反応」で詳しく説明する．

β開裂反応

　ラジカル付加の逆反応はβ開裂反応である．図 2·9 にβ開裂反応の例を示す．ベンゼンスルホニルラジカルは安定であり，脱離基として優れている．また同様に(c)の例では安定なアリルラジカルが発生するためβ開裂反応は起こりやすいが，(d)では*t*-ブトキシラジカルにおいてもβ開裂が生起しメチルラジカルが発生する．この場合，メチルラジカルは安定ラジカルではないが，2 分子が生成することからエントロピー的に好ましい反応といえる．分子内でのβ開裂反応の例では環ひずみの解消を駆動力としてβ開裂が起こる．シクロブタン環やシクロプロパン環の開環例が多いのはそのためである．

　直鎖カルボン酸は油脂から豊富に得られる原料である．カルボン酸からカルボキシルラジカルを発生させ，つづくβ開裂反応を工業的に応用した例として Kolbe 反応（あるいは Kolbe の電解二量化反応）がよく知られている．図 2·10 の例ではパルミチン酸のナトリウム塩の水溶液を電解条件に付すと脂肪酸イオンは陽極で 1 電子を失い，カルボキシルラジカルが生成する．つづいてβ開裂により脱炭酸を経てアルキルラジカルが生成し，そのアルキルラジカルはカップリングし二量体を与える．

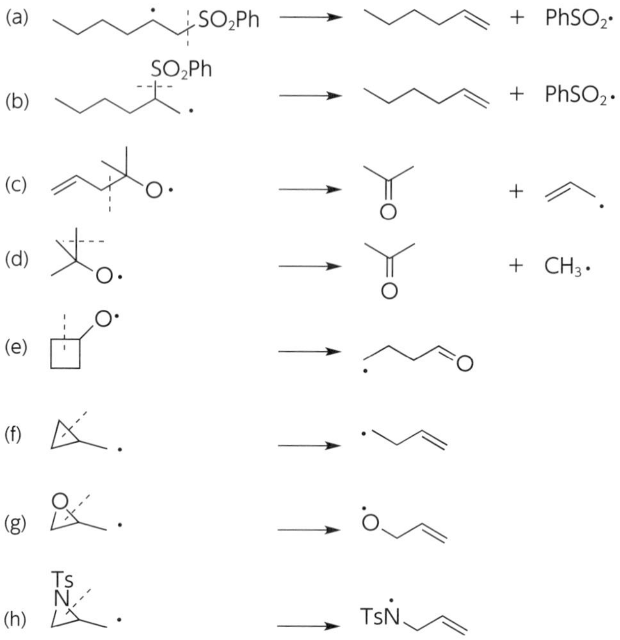

図 2·9　β 開裂反応の例

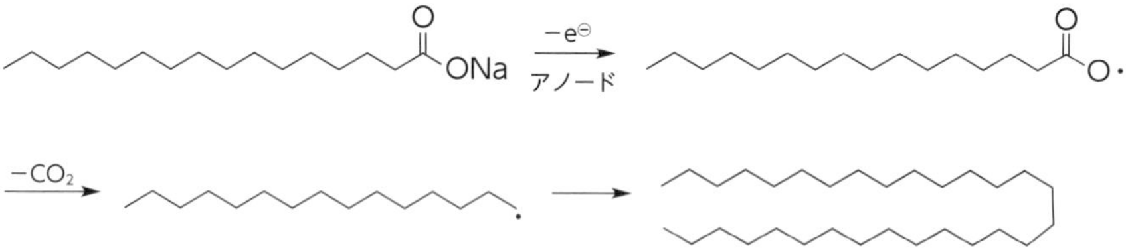

図 2·10　Kolbe 反応

　同じく，カルボン酸からの脱炭酸を達成する反応として銀塩の生成と臭素によるラジカル的分解を経る方法が Hunsdiecker らにより 1939 年に報告された．この反応は先駆的な発見をした Borodine とあわせて，Borodine–Hunsdiecker 反応とよばれている．図 2·11 に示した反応例では，ラウリン酸からのカルボキシルラジカルの発生とつづく β 開裂による脱炭酸を経てウンデシルラジカルが生成し，つづいて臭素と反応し，アルキル臭化ウンデシルを与える．

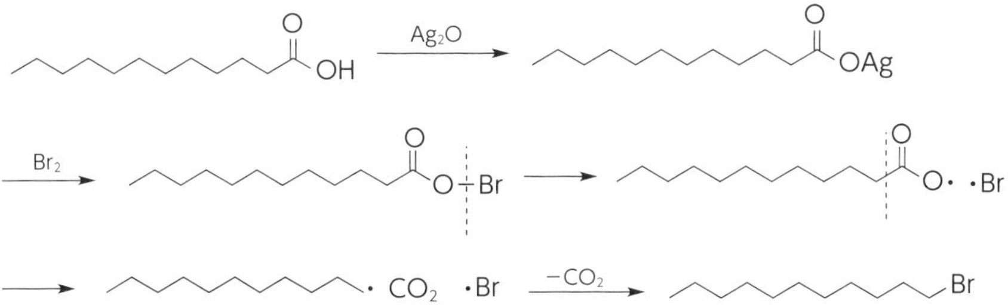

図 2・11 Borodine–Hunsdiecker 反応

　Barton らはカルボン酸をチオヒドロキサム酸のエステル（Barton エステル）に変換した後、脱炭酸反応を達成している（図 2・12）。やはりカルボキシルラジカルが中間体として生成し、つづいて β 開裂により脱炭酸を経てアルキルラジカルが発生する。(a) の例はスズヒドリドによる還元的なラジカル連鎖反応の例であるが、(b) の例のようにトリクロロブロモメタンを用いると、トリクロロメチルラジカルの付加によって反応が進行し、脱炭酸した後に生成するアルキルラジカルがトリクロロブロモメタンより臭素を引き抜き、生成物として臭化ヘキシルを与え、反応が連鎖的に進行する。

　Kharasch 型ラジカル付加反応と β 開裂反応を逐次的に組み合わせた反応も報告されている。図 2・13 は四塩化炭素から発生させたトリクロロメチルラジカルの β-ピネンへの付加の例であるが、中間体ラジカルは速やかに β 開裂を起こし、安定な第三級ラジカルとなり、つづいて塩素原子の引抜きで付加生成物が得られ、連鎖反応が継続する。

　伊藤、三枝らはチオイソシアネートの合成にチオールとイソニトリルのラジカル反応を用いた。図 2・14 に示した例ではチイルラジカルのイソニトリルへの付加によりイミドイルラジカルが発生する。これより β 開裂が起こり、生成物が得られるとともに、脱離した t-ブチルラジカルはチオールから水素を引き抜き、再びチイルラジカルを発生させ、連鎖反応となる。

　アルカンチオールはラジカル反応条件下にてトリアルキルホスファイトと反応させることによりアルカンに還元することができる（図 2・15）。この反応ではラジカル開始により生成したチイルラジカルが、リン原子への攻撃を起こし、超原子価のリン中間体がいったん生成する。これより β 開裂を経てアルキルラジカルが生成し、チオールからの水素引抜きにより還元体が得られる。

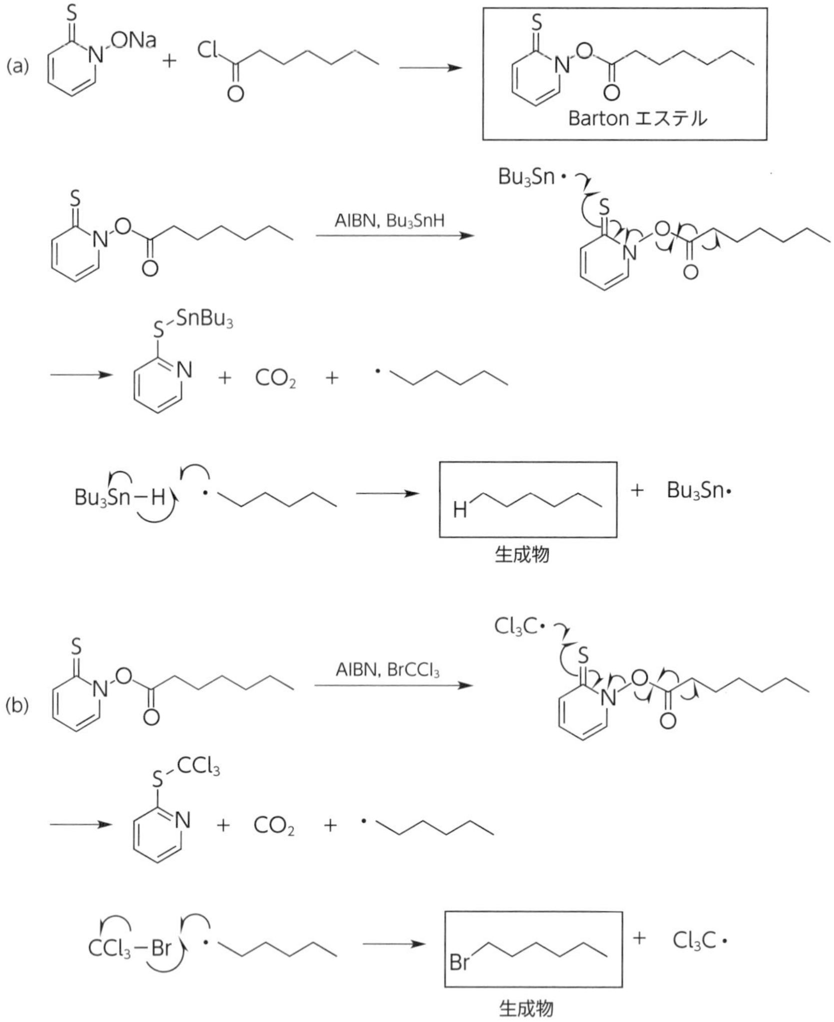

図 2·12　Barton エステルによる脱炭酸反応

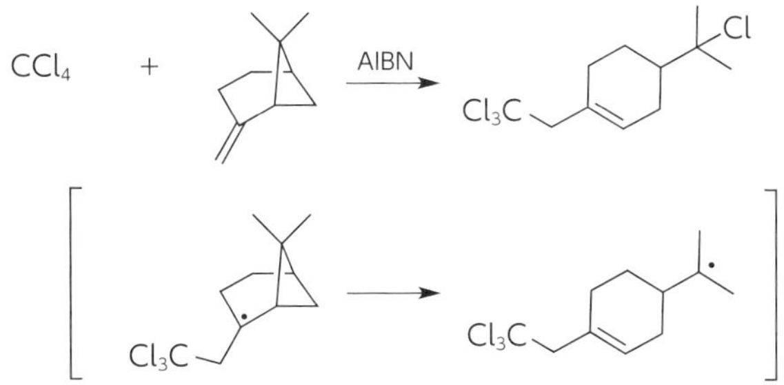

図 2・13 β 開裂を伴う β−ピネンへの四塩化炭素の付加反応

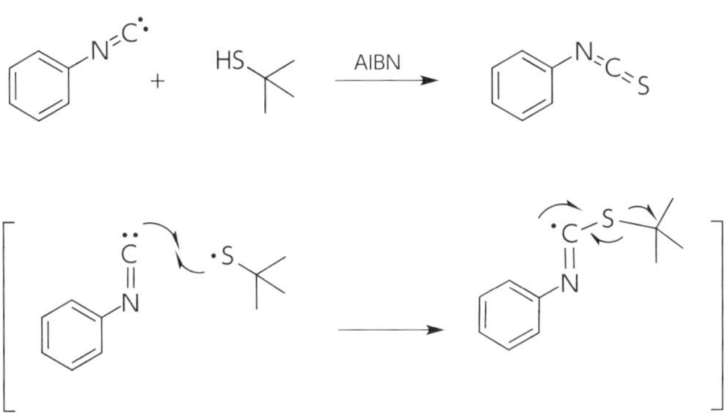

図 2・14 イソニトリルへのチイルラジカルの付加と β 開裂反応

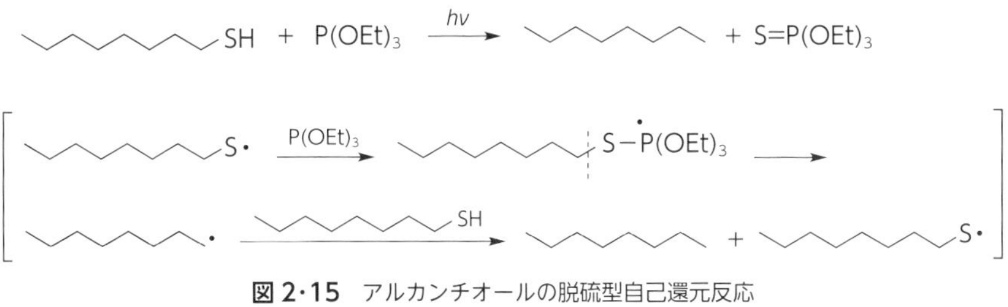

図 2・15 アルカンチオールの脱硫型自己還元反応

α開裂反応

　β開裂反応と比べると例は少ないが，α開裂反応も知られている．たとえば，アシルラジカルはα開裂により一酸化炭素を脱離させアルキルラジカルになる．このとき，第三級ラジカルや置換ベンジルラジカルなど安定なラジカルを与える反応がより早く進行するのに対し，第一級ラジカルを与える反応は緩慢である（表2·4）．実際，図2·16 に示したように，アシルセレニドから発生させたアシルラジカルは，144 ℃

表 2·4　アシルラジカルからの脱カルボニル化の反応速度定数

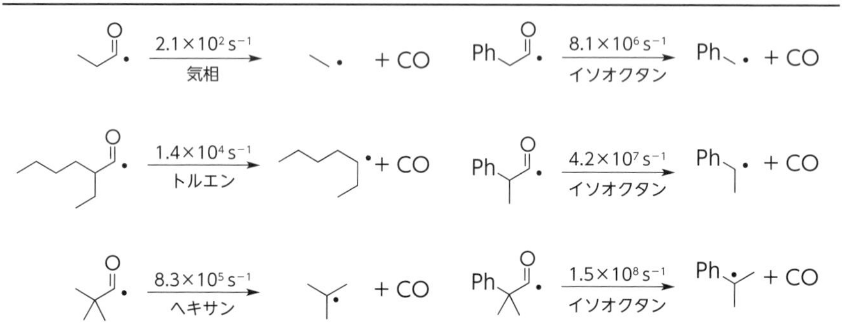

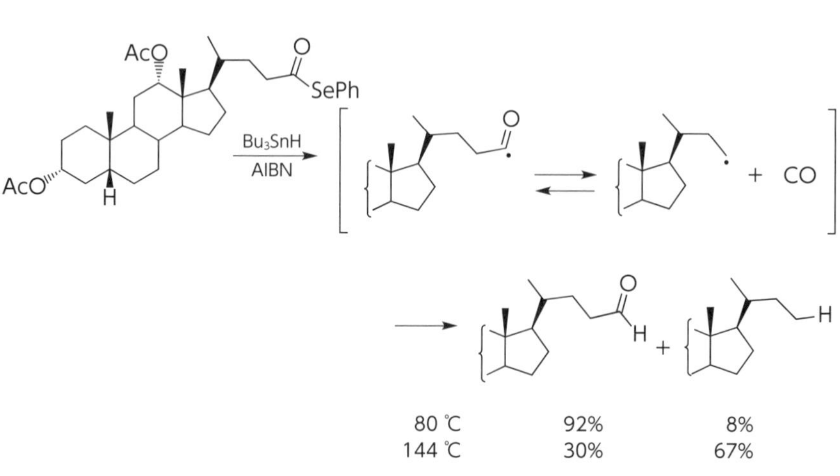

図 2·16　アシルラジカルの脱カルボニル化と温度依存性

といった高温では脱カルボニル化を起こし，第一級ラジカルを与えるが，80 ℃での
α開裂はそれほど顕著ではない.

ラジカル置換反応

　すでにラジカル付加反応の項で述べたように，ラジカル種は通常の分子から原子あ
るいは原子団を引き抜くことで新たなラジカル種を生成させることができる．たとえ
ばエタンと塩素を光照射下に反応させると塩化エチルが生成するが，このラジカル連
鎖反応過程には二つのラジカル置換(S_H2)反応が含まれている．すなわちそれらは塩
素ラジカルによる水素引抜きとエチルラジカルによる塩素引抜きである（図 2·17）.
この反応では光によって塩素分子がホモリシスを起こし塩素ラジカルが生起する．こ
れが開始過程となり，つづく連鎖反応過程に導かれる．このハロゲン化反応を題材に
アルカンの位置選択性の問題を考えてみる.

　トリメチルメタンのラジカル塩素化反応とラジカル臭素化反応を比較して考えてみ
る．図 2·18 の例において明らかであるが，臭素ラジカルによるアルカンからの水素
引抜きはメチン炭素における位置選択性がメチル炭素より格段によく，塩素ラジカル
による水素引抜きと対照的である．塩素ラジカルの水素引抜きでは臭素ラジカルの水
素引抜きに比してより強い結合が得られることから推測されるように（H–Cl 103 kcal
mol^{-1}，H–Br 87.5 kcal mol^{-1}），塩素化は臭素化より速い反応である．水素引抜きの
選択性に目を向けると，メチル水素は 9 個あり，メチン水素は 1 個である．水素 1 個
あたりで考えれば塩素化においてもメチン水素がよく引き抜かれているのだが，臭素
化での選択性のほうが圧倒的によい．図 2·19 に示すように，中間に生成する第三級
ラジカルと第一級ラジカルのギブスエネルギーの差はともに 6 kcal mol^{-1} と等しく，
選択性の差は水素引抜きの活性化ギブスエネルギーの差に基づいている．すなわち，
塩素ラジカルによる水素引抜きでは遷移状態が原系に近いため活性化ギブスエネル

$$CH_3CH_3 \ + \ Cl_2 \ \xrightarrow{h\nu} \ CH_3CH_2Cl \ + \ HCl$$

$$\left[\begin{array}{l} CH_3CH_3 \ + \ \cdot Cl \ \longrightarrow \ CH_3CH_2\cdot \ + \ HCl \\ CH_3CH_2\cdot \ + \ Cl_2 \ \longrightarrow \ CH_3CH_2Cl \ + \ \cdot Cl \end{array} \right]$$

図 2·17　光照射下でのエタンの塩素化反応

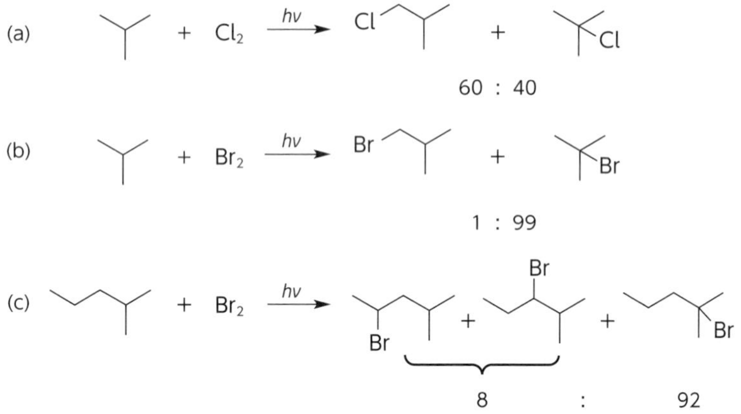

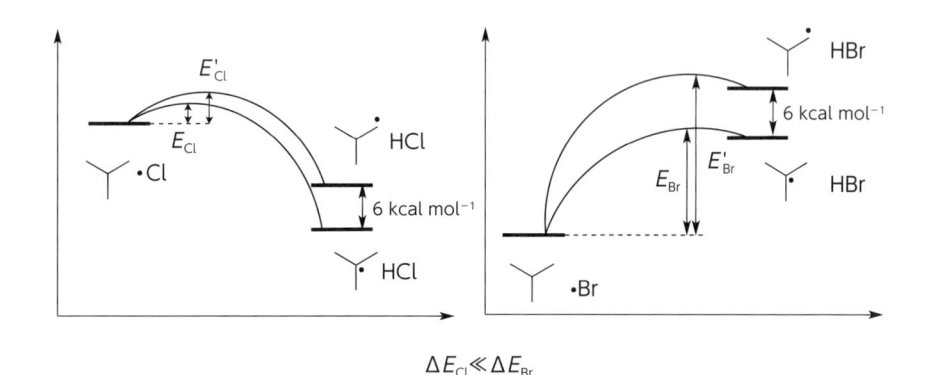

図 2・18　塩素および臭素ラジカルによる水素引抜きの位置選択性

図 2・19　塩素および臭素ラジカルによる水素引抜きの選択性と遷移状態のエネルギー比較

ギーの差が小さく，臭素ラジカルによる水素引抜きでは生成系に近いため活性化ギブスエネルギーの差が大きくなり高選択性が発現する．なお，図 2・18(c)ではメチレン水素の引抜きも可能な系であるが，メチン水素の引抜きが高選択的に生起している．

ラジカル反応を理解するのに重要な性質 1 : ラジカル極性効果

　ラジカル反応ではイオン反応ほどではないにしても，極性の影響を受ける例が少なからず見受けられる．たとえば，アシルラジカル種においてはカルボニル基が極性基

であるため，極性溶媒による安定化が観察されている．すなわち，アシルラジカルの脱カルボニル化反応（α開裂反応）においては，用いる溶媒が極性であると脱カルボニル化は遅くなる（図 2·20）．このことはラジカル種が極性のカルボニル基をもつことから極性溶媒によって安定化されるためであるとして解釈されている．

この反応例では極性溶媒による原系の安定化が鍵であったが，遷移状態で極性効果を考える例についても考えてみよう．酢酸エチルの水素引抜き反応では，カルボニル基のα位のメチル基の C–H 結合と酸素に隣接するメチレン基の C–H 結合の強さはほぼ同程度（約 92 kcal mol^{-1}）であるが，塩素ラジカルによる水素引抜きは選択的にメチレン基で起こる．この理由は遷移状態における極性効果でうまく説明される（図 2·21）．すなわち塩素原子が陰性基であることを考慮するとアセチル基の水素引抜きの遷移状態はα炭素での δ^+ 性を余儀なくされ，カルボニル基の電子求引効果により不安定化されるためである．

Jenkins らは，テトラヒドロピランからの *t*-ブトキシラジカルによる水素引抜きはα炭素上でとくに速いが，βおよびγ炭素上を比べた場合，β炭素上でとくに遅くなることを見出した．このことをβ酸素効果とよぶが，遷移状態での極性効果，すなわちβ位の酸素は電気陰性度が大きく，電子を求引することを考えると，遷移状態の不

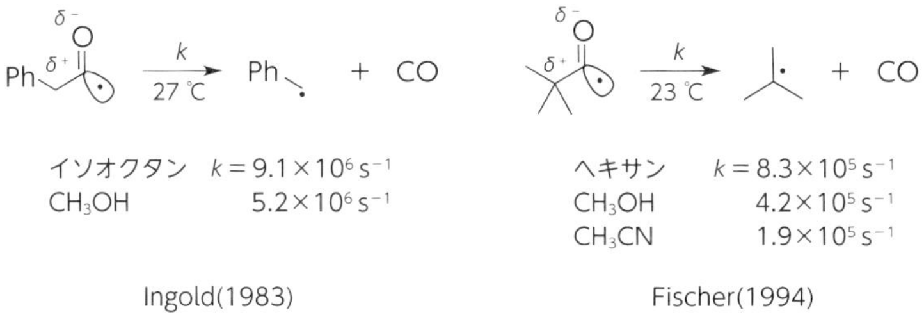
δ⁻
O
δ⁺
Ph
k
27 ℃
Ph
+ CO
イソオクタン k = 9.1×10⁶ s⁻¹
CH₃OH 5.2×10⁶ s⁻¹
Ingold(1983)
δ⁻
O
δ⁺
k
23 ℃
+ CO
ヘキサン k = 8.3×10⁵ s⁻¹
CH₃OH 4.2×10⁵ s⁻¹
CH₃CN 1.9×10⁵ s⁻¹
Fischer(1994)

図 2·20 アシルラジカル種の極性溶媒による安定化

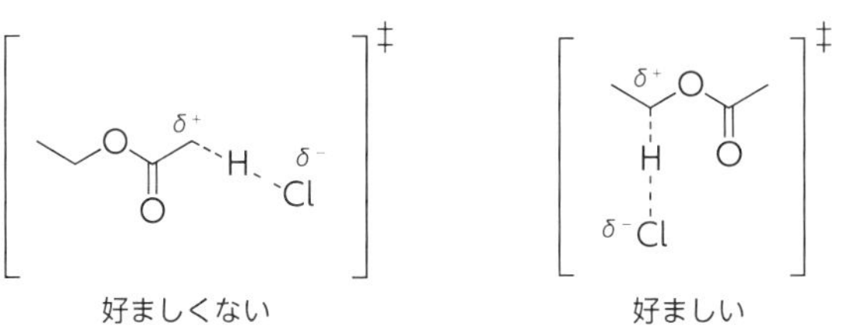
O
δ⁺
H
δ⁻
Cl
O
‡
好ましくない
δ⁺
O
H
O
δ⁻Cl
‡
好ましい

図 2·21 ラジカル極性効果による位置選択性の発現

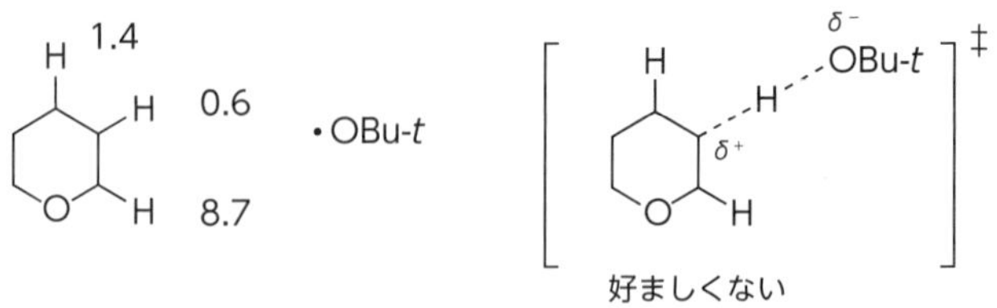

図 2·22 *t*-BuO ラジカルによる水素引抜きにおける相対速度と β 酸素効果による非効率化

安定化につながり，反応は不利となる（図 2·22）.

　1989 年，Roberts らは極性転換触媒としてチオールを用いると，トリエチルシランによるハロゲン化アルキルの還元反応が効率化することを報告している．図 2·23(a)に示した反応では，まず系中で発生したシリルラジカルがハロゲン化アルキルからハロゲンを引き抜き，アルキルラジカルを与える．アルキルラジカルは求核性を有するためヒドリド性の強いシランからの水素引抜き反応が遅いのに対し，チオールからの水素引抜き反応は速やかに進行する．これにより生じたチイルラジカルは求電子性を有するためヒドリド性の強いシランから水素を効率よく引き抜き，チオールが再生する．よって触媒量のチオールによるラジカル連鎖機構が達成される．第二の反応ではヒドロシリル化が，キラルなチオールにより，エナンチオ選択的に進行している.

　次に，チオールを極性転換触媒として用いる反応として，図 2·24 に示した反応を考えてみよう．アルデヒドのオレフィンへのラジカル付加反応は，触媒量のチオールを添加することで反応は大きく加速される．この反応の進行のためにはアシルラジカルがオレフィンへ付加した後に生成する炭素ラジカル種がアルデヒドの水素を引き抜く必要がある．しかしこの段階の遷移状態は炭素上の極性が δ^- となるため安定化されない．これに対してチオールに水素供与の役割をもたせると硫黄原子上の極性が δ^- となり極性として好ましく，安定化でき，結果として反応は円滑化する．このようにチイルラジカルによるアルデヒドのホルミル基の水素引抜き反応は円滑に起こるが，付加後に生成するアルキルラジカルによるアルデヒドの水素引抜きは緩慢である．このことはアルキルラジカルが求核的ラジカルであり，チイルラジカルが求電子的ラジカルであることで合理的に理解される．すなわち，遷移状態を想起するなら，カルボニル炭素を δ^+ とし，硫黄上を δ^- とすることで円滑になる.

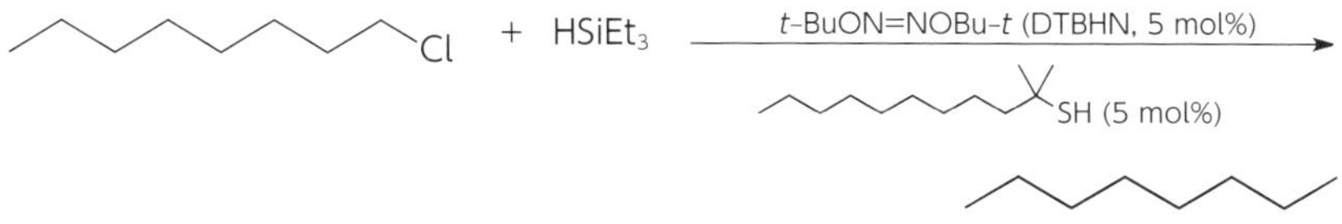

(a) R−Cl + ·SiEt₃ → R· + Cl−SiEt₃ ($3.1\times10^8\,M^{-1}s^{-1}$ 速い)

(b) R· + $\overset{\delta^-}{H}-\overset{\delta^+}{SiEt_3}$ → R−H + ·SiEt₃ ($7.0\times10^3\,M^{-1}s^{-1}$ 遅い)

(c) R· + $\overset{\delta^+}{H}-\overset{\delta^-}{SR}$ → R−H + ·SR ($1.0\times10^7\,M^{-1}s^{-1}$ 速い)

(d) RS· + H−SiEt₃ → H−SR + ·SiEt₃ (速い)

95% ee

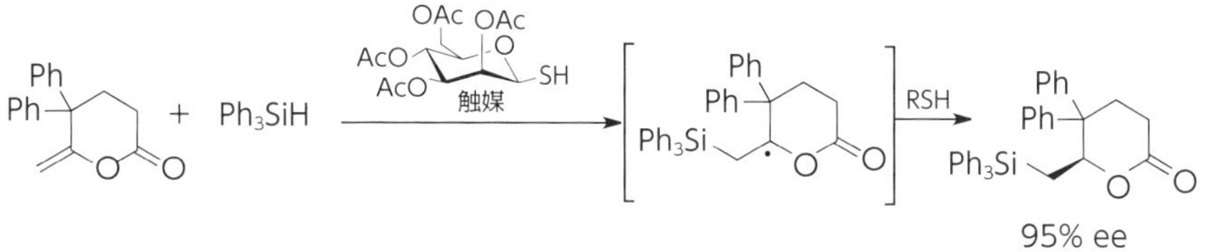

図 2·23 チオールを極性転換触媒とするヒドロシランによるラジカル反応

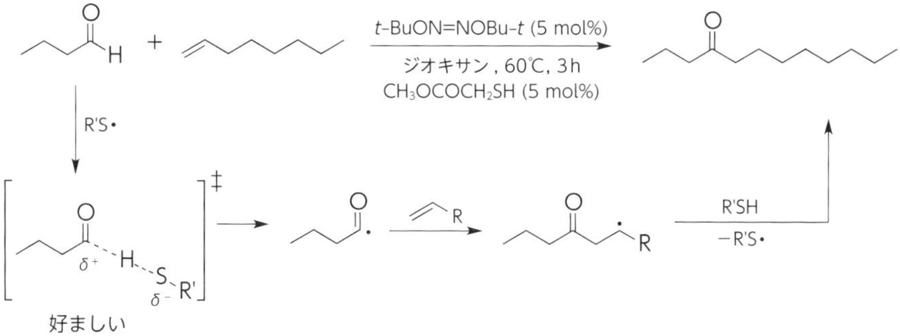

好ましい

図 2·24 アルデヒドの 1–オクテンへのラジカル付加と極性転換触媒としてのチオールの効果

ラジカル反応を理解するのに重要な性質 2：炭素ラジカルの性質

　一般にアルキル，アリール，ビニル，アシルの各炭素ラジカルは求核性をもつとされるが，実際に電子求引基をもつアルケンへの付加は速い．Fischer らは *t*-ブチルラジカルのアクリロニトリルへの付加反応速度は，27 ℃で $2.4 \times 10^6 \, \mathrm{M^{-1} \, s^{-1}}$ と際だって速いことを見出している．また Fischer らはメチルラジカルの各種アルケンに対する付加反応速度を求めている．たとえば，24 ℃におけるプロペンへの付加速度定数は $4.3 \times 10^3 \, \mathrm{M^{-1} \, s^{-1}}$ であるのに対し，スチレンへの付加速度定数は $2.6 \times 10^5 \, \mathrm{M^{-1} \, s^{-1}}$ とより速い．さらにアクリル酸メチル，アクリロニトリル，アクロレインへの付加速度定数はそれぞれ $3.4 \times 10^5 \, \mathrm{M^{-1} \, s^{-1}}$，$6.1 \times 10^5 \, \mathrm{M^{-1} \, s^{-1}}$，$7.4 \times 10^5 \, \mathrm{M^{-1} \, s^{-1}}$ とさらに速くなる．図 2·25 にはシクロヘキシルラジカルの種々のアルケンへの相対付加速度も示したが，電子求引基を有するアルケンへの付加が際だって速いことと，ラジカルが攻撃する炭素に置換基があると著しく付加速度が低下することが読み取れる．

　一方，Kharasch 反応の説明(20 ページ)で述べたが，ラジカル炭素上をハロゲンや，シアノ基，カルボニル基などの電子求引基で置換した場合，これらの炭素ラジカルは

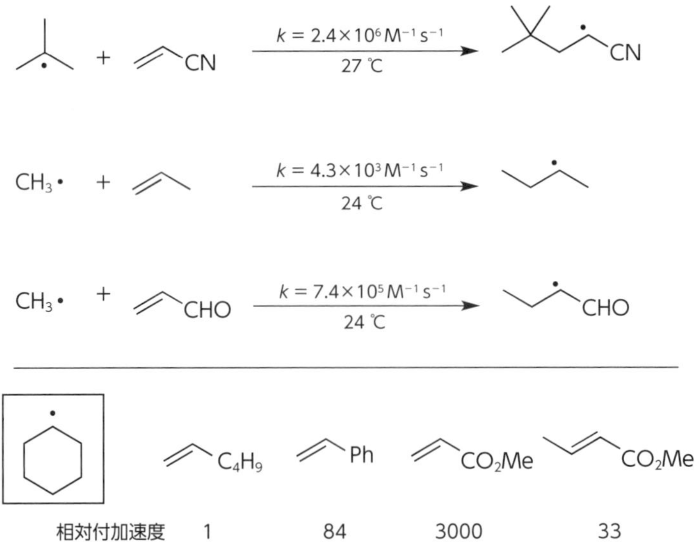

| 相対付加速度 | 1 | 84 | 3000 | 33 |

図 2·25 アルキルラジカルのアルケンへの付加速度

逆に求電子的挙動を示し，むしろ通常の末端アルケンやビニルエーテルなどに高い反応性を示す．図2·26にそのような極性が適合する組み合わせの例を示す．

　アルキルラジカルが求核性を有するという結果はフロンティア分子軌道理論(FMO (frontier molecular orbital) 理論)によって合理的に説明される．アルキル置換された炭素ラジカルにおいては電子供与により SOMO(singly occupied molecular orbital)のエネルギーレベルが向上する．また，電子求引基によりアルケンの LUMO(lowest unoccupied molecular orbital)のエネルギーのレベルが低下する．そのため，遷移状態においてラジカル種の SOMO とアルケンの LUMO との相互作用が促進される．これに対して，ハロゲンや，シアノ基，カルボニル基などの電子求引基で置換した炭素ラジカルの場合，安定化を受けて SOMO のエネルギーレベルが低下する．電子豊富なアルケンの場合，HOMO(highest occupied molecular orbital)のエネルギーレベルが高く，SOMO と HOMO との相互作用が容易になると考えられる(図2·27).

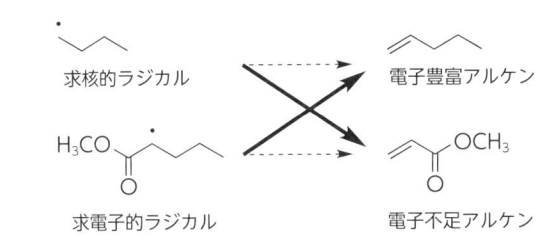

図 2·26　ラジカルの極性とアルケンの極性の適合と不適合

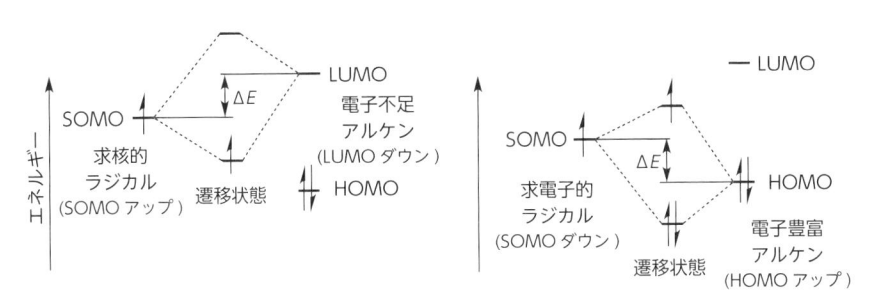

図 2·27　アルケンへのラジカル付加反応における SOMO/LUMO と SOMO/HOMO 相互作用

ラジカル反応を理解するのに重要な性質 3 ：
persistent radical と transient radical

Fischer はホモリシスによって起こるラジカルペアの中で，反応性のラジカルと，非反応性ラジカルの組み合わせがあることを指摘した．すでに東レ法の説明で述べたが，反応性ラジカルを transient radical(TR：トランジェントラジカル)，反応性の乏しいラジカルを persistent radical(PR：パーシスタントラジカル(持続性ラジカル))とよぶ．図2·28 に示した反応の場合，熱的なホモリシスが起こり，マロニルラジカルと TEMPO のラジカルペアが生成する．マロニルラジカルは求電子的ラジカルであり，共存させた 1-ヘキセンに付加するが，TEMPO は安定にとどまる．最終的に 1-ヘキセンに付加して生成するラジカルは安定な TEMPO とカップリングし付加物が生成する．

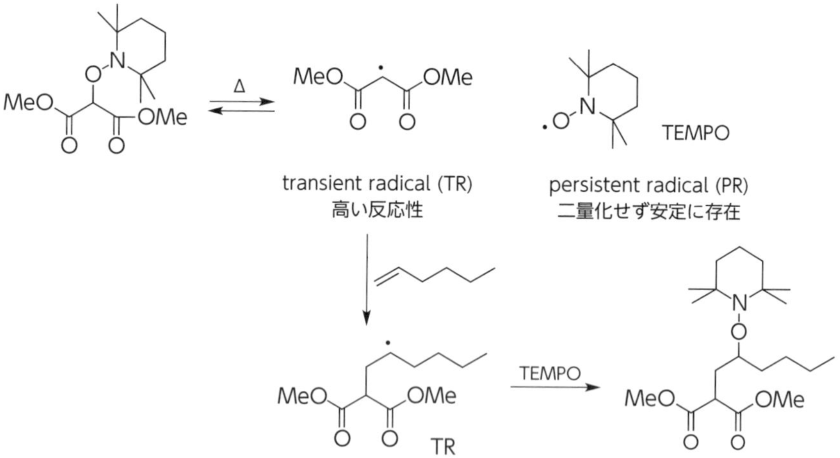

図 2·28 TEMPO–置換マロン酸ジメチルの 1-ヘキセンへの付加反応

コラム 2 | たくさんの Barton 反応

Barton 教授は英国出身の大有機化学者である．1969 年には立体配座解析への貢献でノーベル化学賞を受賞されている．Barton 教授はラジカル反応を有機合成に活用する上で多大な貢献をされた．Barton 反応とよばれる人名反応はいくつもある．たとえば，Barton-McCombie 反応はアルコールをキサントゲン酸エステルとし，ラジカル的に還元する反応である（図 3·6）．カルボン酸を脱炭酸させアルキルラジカルに導き還元する方法は Barton 脱炭酸反応として知られる（図 2·12）．この反応の中間体はいわゆる Barton エステル（チオヒドロキサム酸エステル）である．また Barton 亜硝酸エステル反応（Barton nitrite ester reaction）とよばれる光分解反応は Barton 反応とよばれることが多い（図 8·3）．現在の C–H 結合の位置選択的官能基化のさきがけとなる反応である．

写真は Barton 教授の弟子である Ecole Polytechnique の Samir Zard 教授に提供していただいた．英国の Imperial College London を定年退職された後にフランスの Gif の研究所に移られ，オフィスで研究に勤しまれる Barton 教授の姿である．Barton 教授はこの後，米国の Texas A&M 大学に移られ人生の最後まで研究に身を捧げられた．

演習で理解しよう　ラジカル反応のメカニズム：2

A.　以下に示すラジカル反応は生起しやすい反応か否かを結合解離エネルギーの観点から考察せよ.

(1) ・ + H_2O ⟶ + HO・

(2) ・ + CH_3SSCH_3 ⟶ SCH$_3$ + CH_3S・

(3) CH_3O・ + ⟶ CH_3OH + ・

(4) + CH_4 ⟶ + CH_3・

B.　Beckwith 教授（Australian National University）は以下のように述べている.

Most organic free-radical reactions involve one or more of the elementary mechanistic steps, such as (1) <u>homolysis</u>, (2) <u>coupling</u>, (3) <u>electron transfer</u>, (4) <u>atom or group transfer</u>, (5) <u>addition</u>, and (6) β <u>fission</u>.

以下の各反応をこれらのステップによって解釈せよ.

(1) $\xrightarrow{\Delta}$ $\xrightarrow{\Delta}$ Ph・ + CO_2

⟶ Ph−Ph

(2) （クメンヒドロペルオキシド生成までの反応について答えよ）

+ O_2 ⟶

クメンヒドロペルオキシド

⟶ + アセトン

(3) $\longrightarrow$ $+$ CH$_3$・

(4) PhSO$_2$・ $+$ Bu$_3$Sn$-$SnBu$_3$ $\longrightarrow$ PhSO$_2$SnBu$_3$ $+$ Bu$_3$Sn・

(5) $-$I $+$ SmI$_2$ $\longrightarrow$ ・ $+$ SmI$_3$

(6) CF$_3$SO$_2$Cl $+$ Ph$\diagdown\!\!=$ $\xrightarrow[\text{120 ℃}]{\text{RuCl}_2(\text{PPh}_3)_3 \text{ (1 mol\%)}}$

(7) BEt$_3$ $+$ O$_2$ $\longrightarrow$ Et・ $+$ Et$_2$BOO・

$\qquad\qquad\qquad$ $\xrightarrow{\text{Bu}_3\text{SnH}}$ Bu$_3$Sn・ $+$ Et$-$H

$\qquad\qquad\qquad$ $\xrightarrow{\text{(CH}_3)_3\text{C}-\text{I}}$ ・ $+$ Et$-$I

(8) $+$ $\diagdown$OAc $\xrightarrow{h\nu}$

(9) $\sim$TeTol $+$ $\xrightarrow[\text{封管}]{\text{100 ℃}}$

C. アルコールの還元はキサントゲン酸エステルへの変換を経て，ラジカル還元反応により行うことができる(Barton–McCombie 脱酸素化反応：図 3·6 参照)．以下の例はコレステロールの脱酸素化反応の例であるが，触媒量の t-ドデカンチオールが反応を促進している．この反応の反応機構を示せ．

D. 臭素ラジカルによって引き起こされる以下の二つの反応(a)と(b)においては，(b)の反応がより速く進行する．その理由を考えよ．

3

連鎖型ラジカル反応

　すでに前章まででラジカル連鎖反応の例を紹介しているが，本章では，あらためて連鎖型のラジカル反応についてより詳しく取り上げてみることとしたい．連鎖型のラジカル反応(ラジカル連鎖反応：radical chain reaction)においてはラジカル種の濃度はきわめて低いことが特徴的であり，そのためラジカル同士のカップリングは主要な反応コースとはならない．また連鎖型ラジカル反応を生起させるには，まず少量のラジカル種の発生が必要となる．そのために一般にはラジカル開始剤が用いられる．ラジカル開始剤からのラジカル種の発生には，熱または光反応条件下でのホモリシスがもっともよく用いられる．図3・1にAIBNとDTBPOによるラジカル開始過程を示す．AIBNにおいては熱または光分解で発生したシアノイソプロピルラジカルは一部，二量化することは避けられないが，溶媒の「檻」すなわちケージから抜け出したもの

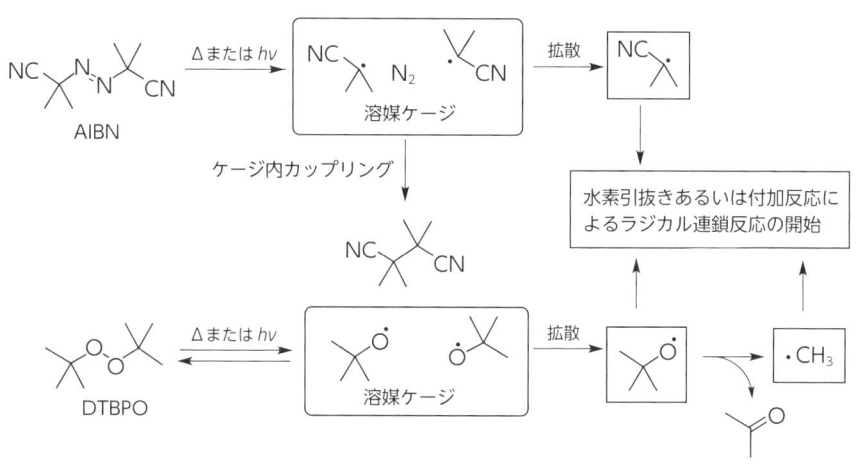

図3・1　AIBNとDTBPOによるラジカル開始過程

が，開始剤としてはたらく．このときには水素引抜き反応や不飽和結合への付加反応が開始過程の反応になる．DTBPO の場合，二量化は原料へ戻る可逆過程を構成する．一方，生成した *t*–BuO ラジカルには，β 開裂によりメチルラジカルへ変換される経路が存在することに留意しておきたい．表3·1 に代表的なラジカル開始剤を示す．ラジカル開始剤は半減期が異なるため，目的の反応に適した開始剤を選ぶことが大事である．また，ペルオキシド系の開始剤は激しく分解することがあるので，取扱いには細心の注意を有する．

　一方，トリエチルボランやジエチル亜鉛は酸素と反応してエチルラジカルを発生さ

表3·1　代表的ラジカル開始剤と半減期

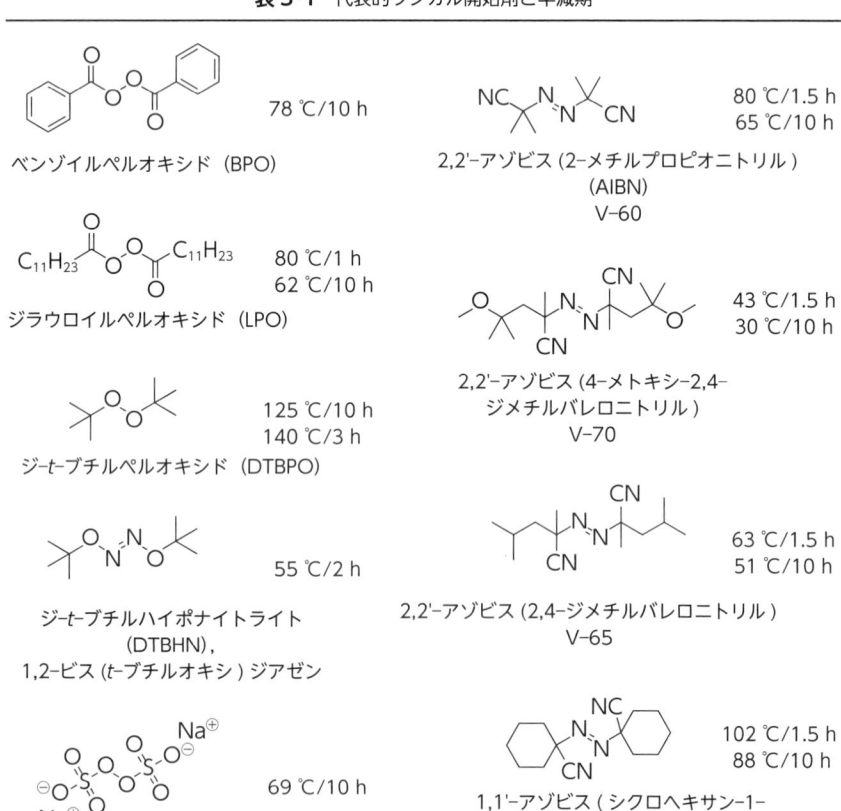

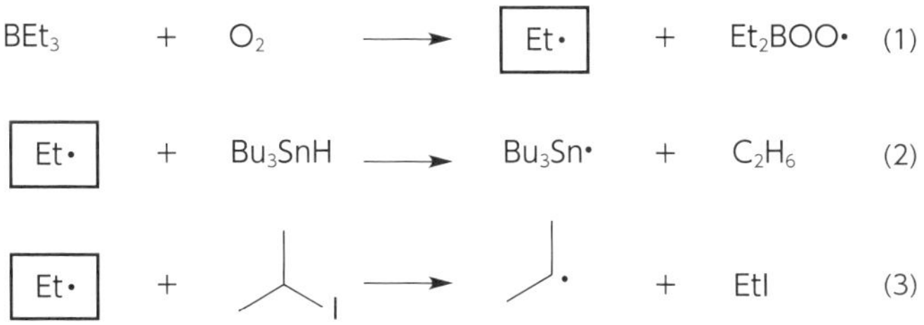

$$BEt_3 \quad + \quad O_2 \quad \longrightarrow \quad \boxed{Et\cdot} \quad + \quad Et_2BOO\cdot \quad (1)$$

$$\boxed{Et\cdot} \quad + \quad Bu_3SnH \quad \longrightarrow \quad Bu_3Sn\cdot \quad + \quad C_2H_6 \quad (2)$$

図 3・2 トリエチルボランによるラジカル開始過程

せる．エチルラジカルは水素引抜きのみならず原子移動反応による開始過程にも用いられる．すなわちエチルラジカルは第二級と第三級のヨウ化アルキルからヨウ素を引き抜き，対応する第二級および第三級のアルキルラジカルを発生させることができる．−78 ℃の低温下でも行えるラジカル開始方法であり（図 3・2），ラジカル反応の選択性が温度制御に支配される場合に用いることができる．

トリブチルスズヒドリドを用いるラジカル連鎖反応

1959 年に Noltes と van der Kerk によりトリブチルスズヒドリドが開発され，有機ハロゲン化物の還元反応に用いることができるようになった．この反応はラジカル開始剤の存在下に加熱または光照射で進行するが，各種の官能基を損なうことなく反応が進行することから，数多くの天然有機化合物の合成に用いられている．トリブチルスズヒドリドは還元型ラジカルメディエーターとしての優れた二つの性質をもつ．① 弱いスズ−水素結合ゆえに，アルキルラジカルへの水素供与はきわめて速い．② 水素を伝達し生成するトリブチルスズラジカルは有機ハロゲン化物からハロゲンをすばやく引き抜く（図 3・3）．

ハロゲンの引抜き速度はアルキルヨージドにおいて $10^{8\sim9}(M^{-1}s^{-1})$，アルキルブロミドにおいて $10^{7\sim8}(M^{-1}s^{-1})$ ときわめて速い．たとえば，トリブチルスズラジカルによる 1−ブロモヘキサンからの臭素原子引抜き速度は 25 ℃で $3.2\times10^7(M^{-1}s^{-1})$ である．また第一級アルキルラジカル（ブチルラジカル）がトリブチルスズヒドリドから水素を引き抜く速度は 30 ℃で $2.7\times10^6(M^{-1}s^{-1})$ である．この 2 段階の反応がともに速いため，効率的な連鎖反応が進行するのである．図 3・4 にまとめたように反応にはラジカル開始剤として AIBN を用いることが多い．結合の強さから想像されるように対応するヨウ化アルキルからのヨウ素引抜きはさらに速く，塩化アルキルからの塩素引

抜きはより緩慢である．またフッ化アルキルからのスズラジカルによるフッ素引抜きは通常起こらない．他のラジカル前駆体としてキサントゲン酸エステル（キサンテート）や Barton エステル，チオカーボナートなどのチオカルボニル基を有する化合物も時に用いられる．また有機カルコゲニドも用いられる．一般にスズラジカルによる反応性は，TePh > I > Br > SePh，OC(S)SMe > Cl > SPh の順である．

　一方，図 3・3 の還元反応は，ヒドリド還元反応と形式的な変換過程は同一となるが，大きな違いはラジカル種の介在であり，この方法で発生した炭素ラジカルをさまざまな結合形成反応につなげることが可能であり，よって合成化学的な価値は大き

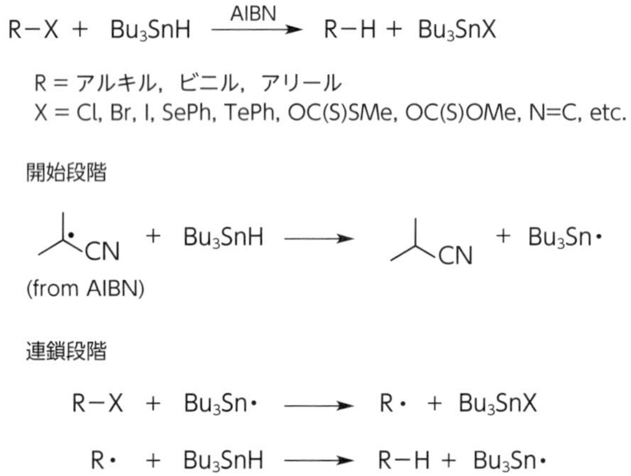

$$R-X \ + \ Bu_3SnH \ \xrightarrow{\ AIBN\ } \ R-H \ + \ Bu_3SnX$$

R = アルキル，ビニル，アリール
X = Cl, Br, I, SePh, TePh, OC(S)SMe, OC(S)OMe, N=C, etc.

開始段階

(from AIBN)

連鎖段階

$$R-X \ + \ Bu_3Sn\cdot \ \longrightarrow \ R\cdot \ + \ Bu_3SnX$$

$$R\cdot \ + \ Bu_3SnH \ \longrightarrow \ R-H \ + \ Bu_3Sn\cdot$$

図 3・3　トリブチルスズヒドリドによる RX のラジカル還元反応

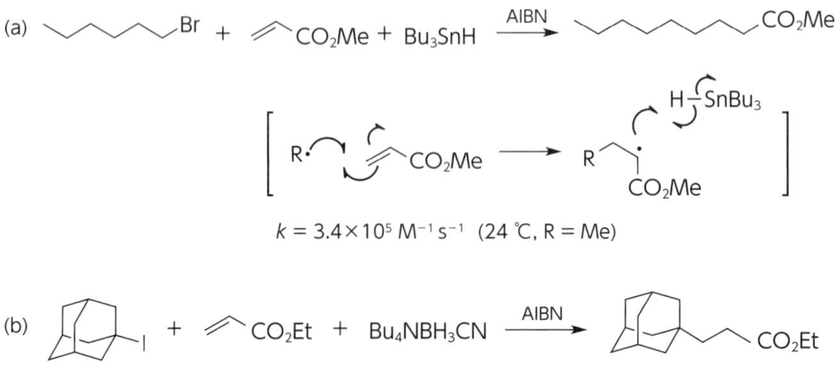

(a)

$$k = 3.4\times10^5 \ M^{-1}s^{-1} \ (24\ ℃, R = Me)$$

(b)

図 3・4　Giese 型ラジカル付加反応

い．たとえば，図3·4(a)に示したトリブチルスズヒドリドを用いる有機ハロゲン化物の電子不足アルケンへの付加はそのような応用例である．炭素ラジカル種の電子不足アルケンへの付加が効率のよい反応であることは，Gieseによる広範囲の検証を経て明らかとなり，今ではGiese反応とよばれている．また図(b)は水素源としてシアノボロヒドリドが用いられたGiese反応の例である．

　アルケンの代わりに一酸化炭素を加えると炭素ラジカル種による一酸化炭素への付加が進行し，アシルラジカルが生成する．つづくトリブチルスズヒドリドからの水素引抜きにより，アルデヒドが生成する．この一酸化炭素への付加反応にかかわる反応過程を速度定数とともに図3·5にまとめた．トリブチルスズヒドリドを用いる反応系では80気圧という高圧力の一酸化炭素が必要となるが，その理由は一酸化炭素への付加速度にあるのではなく，鍵となるアルキルラジカルの直接水素化が速いため，これと競争させるためである．実際，スズヒドリドよりも水素供与が遅いTTMSS(ト

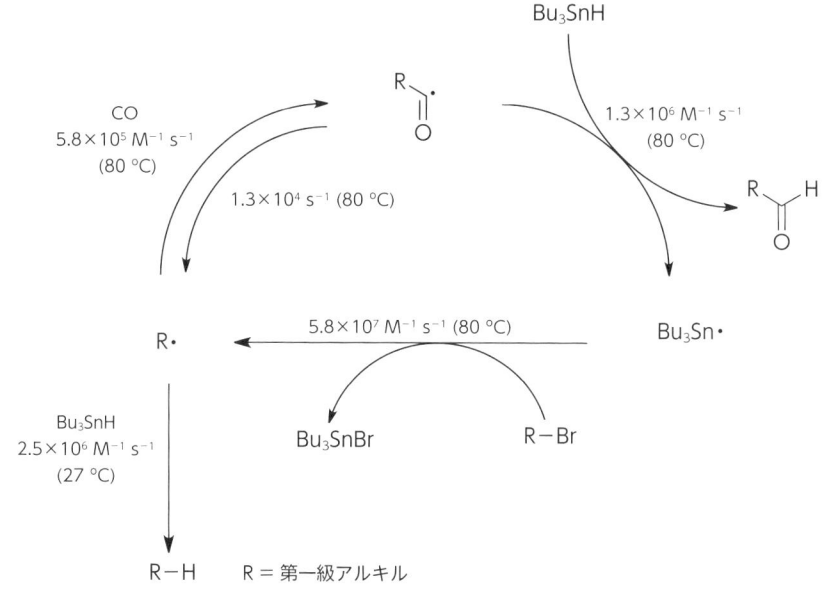

図 3·5　トリブチルスズヒドリドによるラジカルカルボニル化反応と関連する反応速度定数

リス(トリメチルシリル)シラン，(Me₃Si)₃SiH)を用いると，5〜10 気圧程度の低圧力下でも反応は進行する．

　このようにトリブチルスズヒドリドを用いる場合に一酸化炭素の高濃度条件を用いる理由は，生成した炭素ラジカルの水素化を防ぎ，一酸化炭素の付加を優先させるためであることが速度論データから理解できる．Giese 反応においても同様で，トリブチルスズヒドリドを用いる場合には炭素ラジカルのアルケンへの付加を水素引抜きに対して有利にさせるため，通常 3 当量ほどのアルケンを用いるが，水素供与能力の劣る TTMSS を用いるとほぼ 1 当量のアルケンを加えても Giese 反応が良好に進行する．TTMSS に関する速度論データは Chatgilialoglu によって検討されている．表 3·2 に水素供与能力についてスズヒドリドとの比較をまとめた．

　スズヒドリドによってアルコールを還元する方法として Barton–McCombie 脱酸素化反応が知られている(図 3·6)．この反応ではアルコールをいったんキサントゲン酸

表 3·2　TTMSS とトリブチルスズヒドリドの比較データ

M–H	Bu₃Sn–H	(TMS)₃Si–H
結合エネルギー	74 kcal mol^{-1}	84 kcal mol^{-1}
反応速度定数(25 ℃) RCH₂· *vs.* M–H	2.4×10^6 M^{-1} s^{-1}	3.8×10^5 M^{-1} s^{-1}

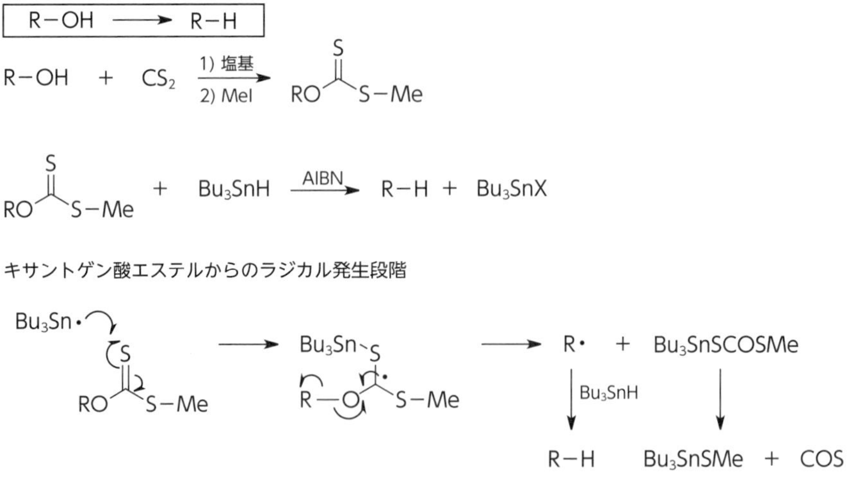

キサントゲン酸エステルからのラジカル発生段階

図 3·6　Barton–McCombie 脱酸素化反応

エステルに変換する．トリブチルスズラジカルの付加とつづく脱離反応で炭素ラジカルが生成し，これより水素引抜きとともに還元反応が進行する．

ラジカル連鎖反応における生成物の生成段階

　ラジカル連鎖反応の多くの場合，生成物を与える段階は水素引抜き反応や原子あるいは原子団移動反応である．これらはともにラジカル置換反応，すなわち S_H2 反応に分類される．表3·3に第一級アルキルラジカルによるハロゲンあるいはカルコゲン元素の引抜き速度をまとめた．原子および原子団の移動能力は高周期元素になるほど高いが，炭素との結合の強弱が反映している．また表3·3には第一級アルキルラジカルによる各種ヒドリドからの水素引抜きの速度定数も示した．トリフェニルシランは水素供与速度が遅く，ラジカル連鎖を維持するのはやや困難であるが，他のヒドリド種は連鎖反応に十分用いることができる．図3·7に各種ヒドリドの水素供与能力の比較をまとめた．あまり合成反応には使用されないが，ベンゼンセレノールの水素供与速度はこの中ではもっとも大きいことがわかる．また最近，有機スズヒドリドに代わる試薬として NHC-ボラン（*N*-heterocyclic carbene borane）やボロヒドリド試薬が注目を集めている．図3·8で用いられる NHC-ボランの場合，水素供与速度は 10^4 オーダーであり，Bu_4NBH_3CN は 10^3 オーダーとさらに低い．図(b)のラジカル還元反応は水素供与が遅いため，NHC-ボランのみを用いる場合，非効率であるが，極性転換触媒としてベンゼンチオールを触媒量添加すると，反応は円滑に進行する．

表3·3　第一級アルキルラジカルによる原子，グループ（原子団），および水素引抜き反応の速度定数 $[M^{-1}s^{-1}]$

	反応速度定数		反応速度定数
CCl_4	1.2×10^4 (25 ℃)	Ph_3SiH	4.6×10^4 (110 ℃)
EtO_2CCH_2Br	7×10^4 (50 ℃)	$(Me_3Si)_3SiH$	1.2×10^6 (80 ℃)
EtO_2CCH_2I	2.6×10^7 (50 ℃)	Bu_3GeH	3.4×10^5 (80 ℃)
PhSSPh	1.7×10^5 (25 ℃)	Bu_3SnH	6.4×10^6 (80 ℃)
PhSeSePh	2.6×10^7 (25 ℃)	Ph_3SnH	2.2×10^7 (80 ℃)
PhTeTePh	1.1×10^8 (25 ℃)	$(n\text{-}C_6F_{18}CH_2CH_2)_3SnH$	9.6×10^6 (80 ℃)
t-BuSH	8×10^6 (80 ℃)	PhSH	1.3×10^8 (80 ℃)

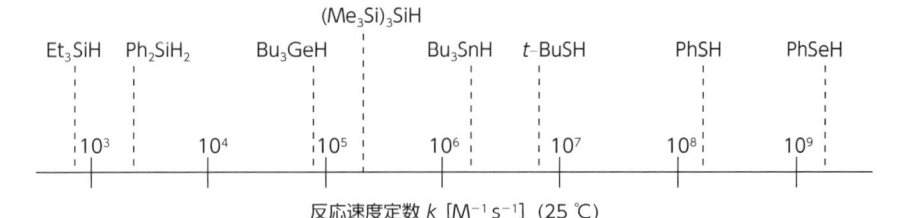

図 3·7　水素供与体の速度比較

(a), (b), 図3·8 の反応スキーム

図 3·8　NHC–ボランによるラジカル還元反応

求核的ラジカル

求電子的ラジカル

臭素ラジカルによる連鎖型ラジカル反応：水素引抜き反応と付加反応

　臭素ラジカルは分子状臭素や臭化水素から容易に発生できるため古くから合成的な活用が行われている．図 3·9 には *N*-ブロモコハク酸イミド(*N*-bromosuccinimide：NBS)を試薬として用いたクメンのラジカル臭素化反応を示した．この反応ではクメンと臭素間でのラジカル置換反応が生起している．系中で少量発生した臭素ラジカルはクメンから水素を引き抜き，クミルラジカルと臭化水素を与える．クミルラジカル

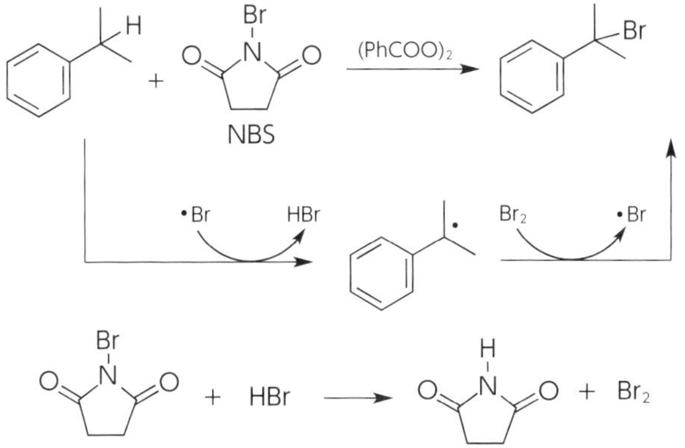

図3・9 臭素ラジカルによる C–H 置換反応

は臭素分子から臭素を引き抜き，生成物を与えるとともに臭素ラジカルを再生しラジカル連鎖反応が進行する．NBS は臭化水素とイオン的に反応し臭素分子に変換させる．すなわち，NBS は低濃度の臭素の温和な供給体としての役割を果たしている．

図3・10 には臭化アリルを用いて臭素ラジカルによる付加反応と β 開裂反応がともに起こる反応例を 3 例示した．図(a)では臭素ラジカルがアセチレン末端に付加を起こしビニルラジカルが生成する．その後，このビニルラジカルが臭化アリルに付加をする．つづいて臭素ラジカルが β 開裂反応により脱離し，生成物の 1,4-ジエンを与える．脱離した臭素ラジカルはアセチレンへの付加を起こし，反応は連鎖的に進行する．この反応では臭素は生成物に取り込まれ，生成したビニル–臭素結合はクロスカップリング反応を含め，さまざまな合成化学的方法で，ビニル–炭素結合へ変換することが可能なため，多様な置換 1,4-ジエンの合成に供することができる．また図(b)はアレンへの反応で，1,5-ジエンを得ることができる．さらに図(c)ではシクロプロピルカルビニルラジカルがホモアリルラジカルへと開環し，つづいて臭化アリルに付加を行い，1,6-ジエンが生成する．このように古典的な臭素ラジカルによる反応でも，合理的な反応系の設定で，炭素–炭素結合形成反応へとうまく発展させることができる．

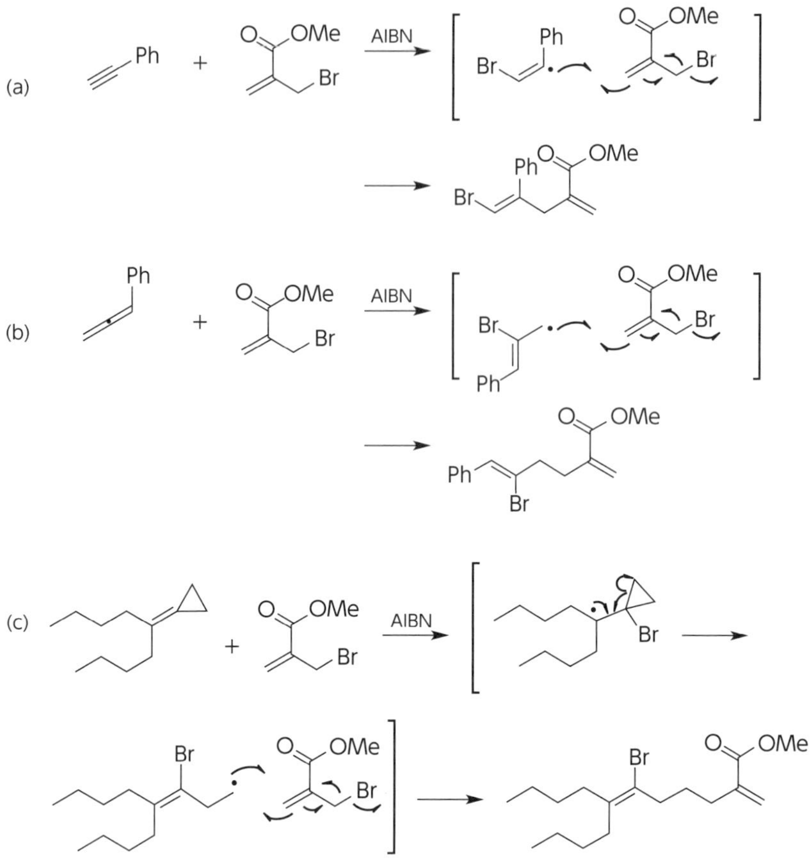

図 3·10 臭素ラジカルによる付加脱離反応を経るジエン合成

コラム 3 | ラジカル反応の速度決定に対する
Keith U. Ingold 教授の貢献

　ラジカル反応の定量的な議論には速度論データが欠かせない．物理有機化学者の多大な貢献の中で，とりわけオタワの National Research Council(NRC)で長く研究された Keith U. Ingold 教授の貢献は飛び抜けて大きい．Ingold 教授は物理有機化学で著名な英国の Christopher Ingold 教授を父にもつ．英国からカナダに移り，スキーと化学をともに長く楽しまれた．信頼性のある絶対反応速度の測定と論文発表により，有機合成化学者がこれをラジカルクロックとして活用し反応機構を考察する指針となった．

　写真は Ingold 教授の指導で学位を取得し，現在 Ottawa 大学の教授である Derek Pratt 博士から届けていただいた．Ingold 教授は 2023 年の 9 月に逝去されたが，長年の貢献に感謝し，2024 年 9 月に Manchester 大学で行われた 15 回ヨーロッパ ラジカル国際会議(European Conference on Organic Free Radicals)では Ingold 教授の功績を称えた tribute session が行われた．

演習で理解しよう　ラジカル反応のメカニズム：3

A.　以下の三成分連結反応の反応機構を考察せよ.

(1)

(2)

B.　以下の反応で考えられる副生成物をすべて記せ.

C.　以下の反応の反応機構を考察せよ. また炭酸カリウムを加えている理由を述べよ.

4

ラジカル環化反応とその応用

　トリブチルスズヒドリドによるラジカル反応を 5-ヘキセニルブロミドに適用すると，ラジカル環化反応が生起する．その例を図 4·1 に示す．すなわちトリブチルスズラジカルは臭素を引き抜き，5-ヘキセニルラジカルが生成する．生成した 5-ヘキセニルラジカルは分子内の炭素–炭素二重結合に付加し，五員環の炭素ラジカルを与える．つづいてこの五員環ラジカルはトリブチルスズヒドリドから水素を引き抜き生成物を与えるとともに再びトリブチルスズラジカルを生成させる．この三つの反応が繰り返し生起することでラジカル連鎖反応が進行する．この反応では，シクロヘキシルラジカルを経てシクロヘキサンを与える経路も可能であるが，生成比は 98：2 と圧倒的にメチルシクロペンタンの生成が優先する．これら環化反応の表記に 5-exo および 6-endo を用いるが，数字は五員環化の 5 と六員環化の 6 を示しており，また exo はラジカルが環の外側にできる場合を示し，endo は環の内側にできることを示しており，Baldwin の環化則で定義されている．

　ではなぜ第一級ラジカルを与える 5-exo 環化反応が優先したのであろうか．5-ヘキセニルラジカルの 5-exo および 6-endo 環化反応についてのギブスエネルギー図を図 4·2 に示す．より安定な第二級ラジカルであるシクロヘキシルラジカルになるための

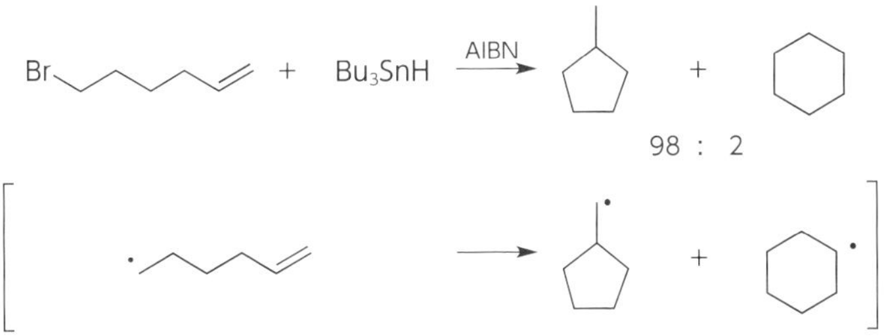

図 4·1　トリブチルスズヒドリドを試薬とする 5–ヘキセニルブロミドのラジカル環化反応

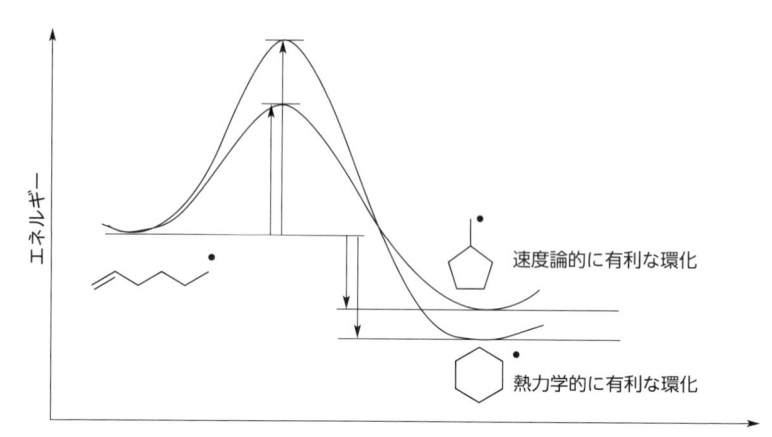

図 4・2　5-ヘキセニルラジカルからの 5-*exo* および 6-*endo* 環化反応

反応のギブスエネルギー（ΔG）はシクロペンチルメチルラジカルとなるためのギブス
エネルギーより負に大きい．しかしシクロペンチルメチルラジカルを与える遷移状態
に至るエネルギー障壁，すなわち活性化ギブスエネルギー（ΔG‡）がシクロヘキシル
ラジカルを与える遷移状態に至るエネルギー障壁（ΔG‡）よりも小さいため前者の環
化がより速く生起する．すなわち速度論支配で反応が進行するため 5-*exo* 環化が優先
する．

　5-ヘキセニルラジカルの 5-*exo* 環化の遷移状態はシクロヘキサンのいす形に近い構
造であることが，Beckwith と Houk による分子軌道計算により示されている．置換
基をもつ 5-*exo* 環化の立体選択性を図 4・3 にまとめた．1 位にメチル置換基をもつ場
合には *cis/trans* のジアステレオマー比は 2.6/1 と *cis* 体が主生成物となる．また 4 位
にメチル置換基をもつ場合には *cis/trans* のジアステレオマー比は 1/4.8 と *trans* 体が
主となる．これらの主生成物の生成過程は置換基をエクアトリアル位に配したいす形
の遷移状態により説明される．なお，微量生成物を与える遷移状態も一般に六員環の
いす形の遷移状態が考えられるが，舟形の遷移状態は比較的安定となるのでその可能
性を排除するべきではない．

　表 4・1 に代表的なラジカル環化反応にかかわる速度定数を示す．5-ヘキセニルラジ
カルの環化反応速度定数は 25 ℃で $2.3 \times 10^5 \, \mathrm{s}^{-1}$ ときわめて速く，対応する 6-*endo* 環
化速度の $4.1 \times 10^3 \, \mathrm{s}^{-1}$ を上回る．6-ヘプテニルラジカルの 6-*exo* 環化は比較的速いが，
7-オクテニルラジカルの 7-*exo* 環化はたいへん遅く，合成化学的利用は困難である．
逆反応である β 開裂による開環反応は環のひずみの軽減を駆動力として進行するもの

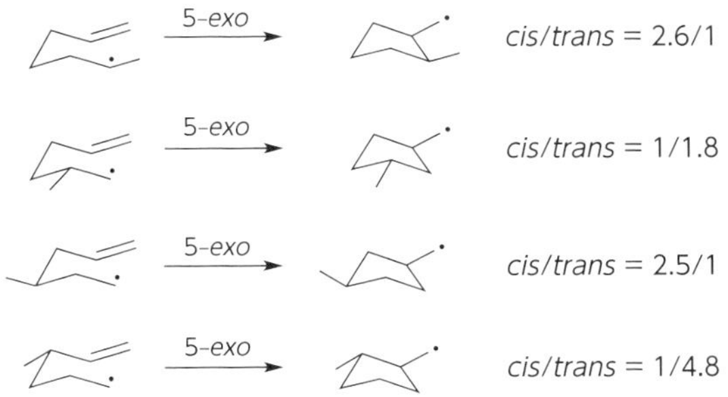

cis/trans = 2.6/1

cis/trans = 1/1.8

cis/trans = 2.5/1

cis/trans = 1/4.8

図 4・3 メチル置換基と立体異性体比：いす形遷移状態の重要性

表 4・1 代表的なラジカル環化およびラジカル開環反応の速度定数

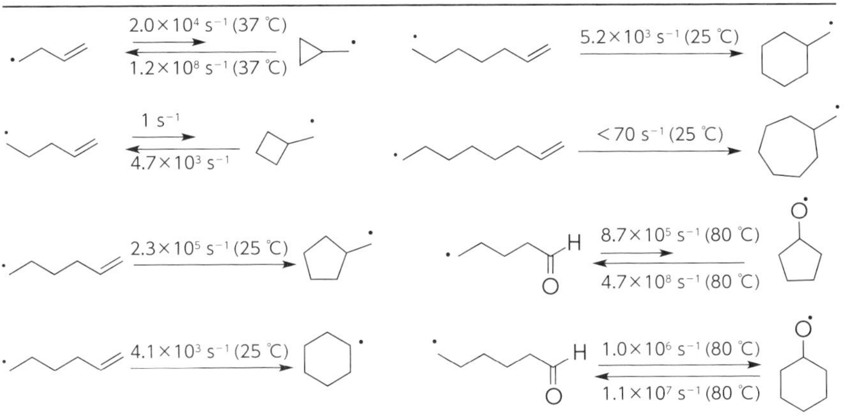

は速い．たとえばシクロプロピルカルビニルラジカルの開環は $37\,^\circ\mathrm{C}$ で $1.2\times10^{8}\,\mathrm{s}^{-1}$ と速く，逆方向の 3-*exo* 環化も 10^{4} オーダーと速い部類の環化反応であるにもかかわらず，これを凌駕している．しかし，やはり置換基の効果は絶大である．たとえば，ベンジルラジカルの安定化により，α-シクロプロピルベンジルラジカルの開環反応は，対応するホモアリルラジカル(4-フェニルブタ-3-エニルラジカル)の 3-*exo* 環化反応よりも遅い(図 4・4(a))．4-*exo* 環化はきわめて遅いが，その逆反応は $4.7\times10^{3}\,\mathrm{s}^{-1}$ と速い．また表 4・1 にはホルミル基への 5-*exo* および 6-*exo* のラジカル環化速度のデータも示した．これらはともに速い環化であるが，逆反応である開環反応の速度も速い．

　ラジカル環化は置換基による影響を受ける．5-*exo* 環化中心にメチル基が存在する

と，立体障害のため環化は遅くなり，6-*endo* 環化と拮抗する（図 4·4(b)）．また，本来アルキルラジカルは求核性を有することから末端に電子求引性の置換基がつくと 5-*exo* 環化は速くなる．一方，反応点を結ぶ分子鎖に *gem* 置換基を導入すると環化速度が向上する（表 4·2）．たとえば，3,3-ジメチル-5-ヘキセニルラジカルの環化は 5-ヘキセニルラジカルの環化に比べて約 20 倍速い．また，エーテルを導入しても同様の効果が得られる．これらは，Thorpe-Ingold 効果として知られている．*gem* 置換基により，結合角が小さくなることに加えて，*gem* 置換基による立体反発により環化

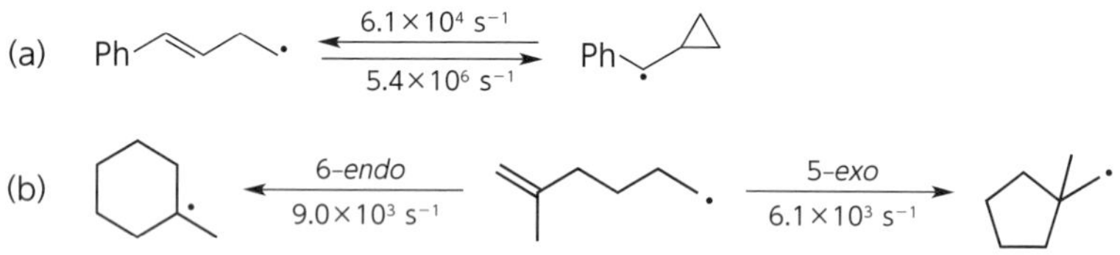

図 4·4　環化反応における置換基の効果

表 4·2　Thorpe–Ingold 効果

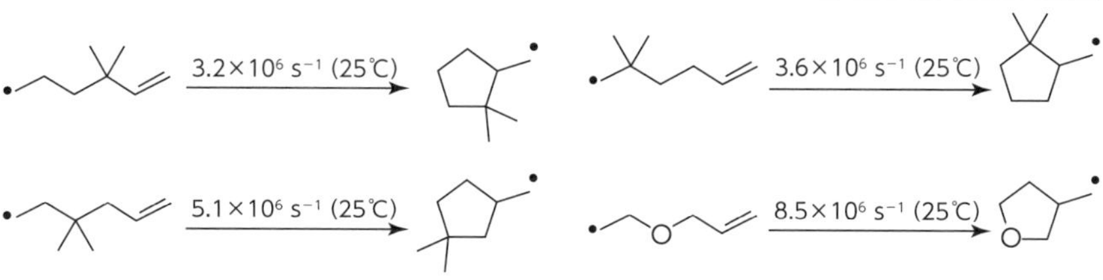

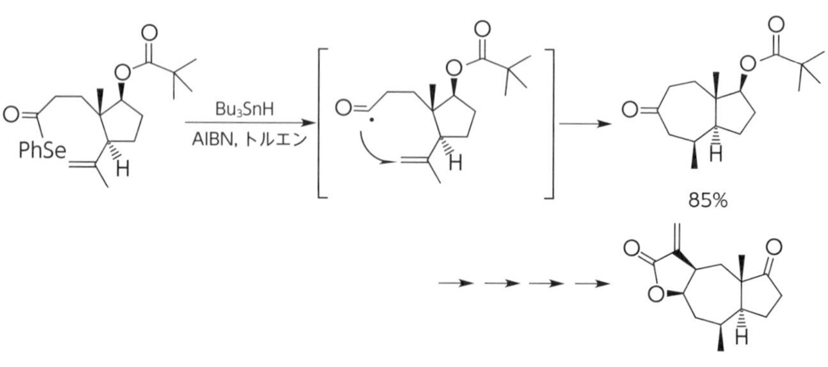

図 4·5　選択的 7-*endo* 環化反応とその天然物合成への応用

に有利な配座をとる確率が高くなることにより，環化が速くなると考えられている．

　endo 環化においても生成ラジカルが第三級となり安定化され，なおかつ環化の立体要因がある場合は *exo* 環化に優先する．図 4·5 の宍戸らによる反応では 7-*endo* 環化が，6-*exo* 環化に優先し，双環性のシクロヘプタノンが良好に得られる．この環化生成物はコンフェルチン (confertin) 合成のための鍵中間体である．

　カルボニル基への 3-*exo* ラジカル環化反応とつづく β 開裂反応を組み合わせた反応は Dowd-Beckwith 環拡大反応とよばれる．図 4·6 は三員環環化とつづく β 開裂により六員環から七員環への環拡大を果たした例である．この環拡大の駆動力は環ひずみの解消とメトキシカルボニル基による開環したラジカルの安定化である．

　また図 4·7(a) はカルボニル基への六員環環化とつづく連続的な β 開裂による環拡大の例である．環化ラジカルからの最初の β 開裂は第三級ラジカルの生成が駆動力となり，2 番目の β 開裂はスズラジカルの優れた脱離能力によるものである．スズラジカルの反応挙動は 6 章であらためて詳しく述べるが，生成したスズラジカルはヨウ素原子を引き抜き，反応は連鎖的に進行する．図 (b) ではスズラジカルが触媒としてはたらき，3 回の β 開裂が含まれる顕著な例である．すなわち，スズラジカルはオレフィン末端に可逆的に付加をする．付加によって生成した炭素ラジカルが β 開裂を起こしシクロペンチルオキシラジカルとなる．これより β 開裂で炭素ラジカルが生成し，6-*exo* 環化とつづく β 開裂により 2-ビニルシクロヘキサノンが生成する．

　アシルシランへのラジカル環化はケイ素の 1,2-転位を伴って進行する．たとえば図 4·8 に示した反応例では，二つの 5-*exo* 環化により，ビシクロ[3.3.0]骨格の構築に成功している．この反応では炭素ラジカルのカルボニル炭素への 5-*exo* 環化によって得られる酸素ラジカル上にケイ素が 1,2-転位(ラジカル Brook 転位：Brook 転位は酸素アニオンへの 1,2-転位)を起こし，生成したラジカルが再び 5-*exo* 環化を起こし，双

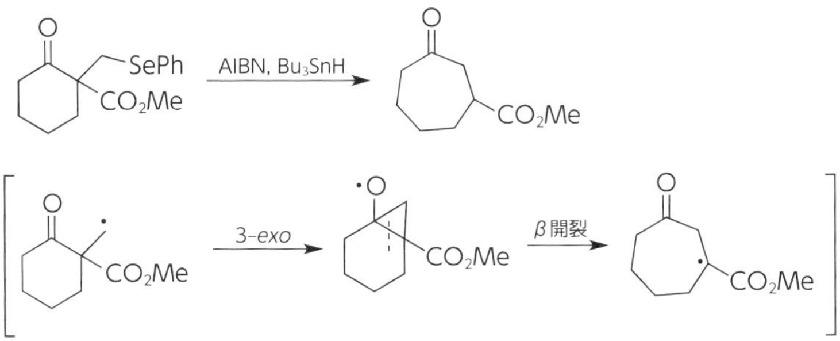

図 4·6　カルボニル基への 3-*exo* 環化とつづく β 開裂反応を経る環拡大反応

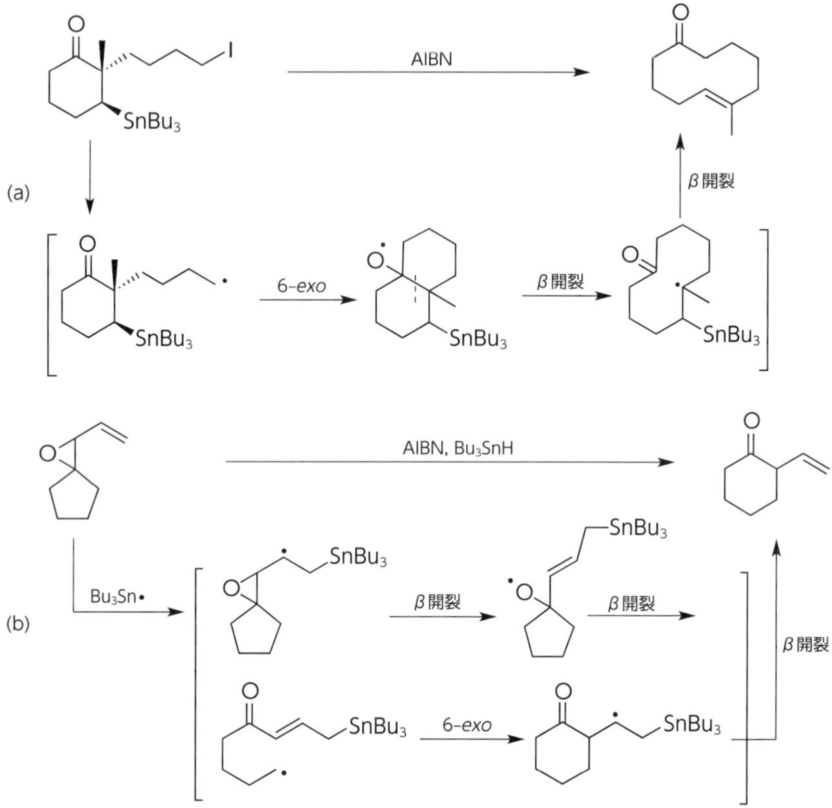

図 4·7　六員環環化と連続型 β 開裂反応を経る環拡大反応

環型生成物に至る.

　ラジカルの反応速度は一般に ESR や時間分解型 IR スペクトルなどの分光学的手段による直接型の検出測定法で決定される.一方で速度定数が既知であるラジカル反応と競わせることで得られる相対速度によりラジカル反応の速度定数を求める間接的方法も用いられている.間接法では「基準時計」を用いることからラジカルクロック法という.たとえば水素供与能力をもつ化合物を仮に GH とし,その水素供与速度を調べる場合,図 4·9 に示した例では既知の k の値をもつ 5-ヘキセニルラジカル環化をラジカルクロック法とし,二つの生成物の生成比を調べることで,GH の水素供与速度 k' を求めることができる.このように相対的に求められた反応速度定数はあくまでも基準となるラジカルクロック法の速度定数が正確であることを前提としている点

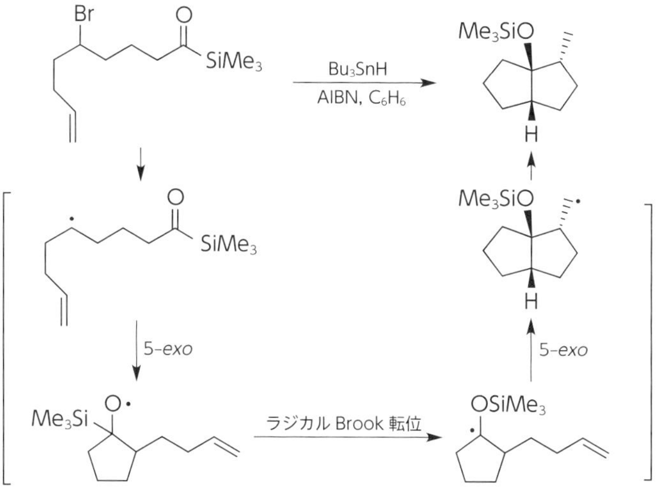

図 4·8　五員環環化とラジカル Brook 転位と五員環環化を経る環構築反応

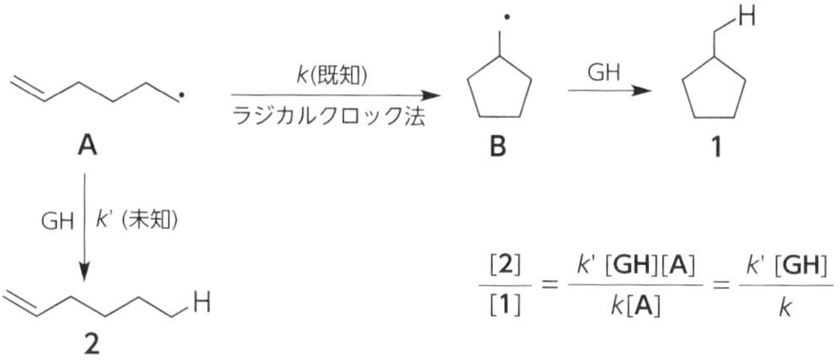

$$\frac{[2]}{[1]} = \frac{k' \, [\mathbf{GH}][\mathbf{A}]}{k[\mathbf{A}]} = \frac{k' \, [\mathbf{GH}]}{k}$$

図 4·9　ラジカルクロック法による速度定数の算出

に留意する必要がある.

原子およびグループ移動を伴う環化反応

　炭素–フッ素の結合開裂を伴う F の原子移動反応はほとんど例がないが，対応する
ヨウ素や臭素の原子移動反応の例は多い．これはハロゲン原子移動反応が炭素–ハロ
ゲン結合の強さを反映するからである．図 4·10 に環化を伴う反応例を示す．この反
応では π 結合が消失し σ 結合となる点と，弱い sp^3 炭素–ヨウ素結合からより強い
sp^2 炭素–ヨウ素結合に変換されることが反応の駆動力となっている．

　また原子移動ばかりではなく，原子団移動反応として，16 族の RS，RSe，そして RTe の移動を伴う反応がよく知られている．またキサントゲン酸エステルやチオカルボン酸エステルもグループ移動(原子団移動)反応を起こす．図 4・11 にキサントゲン酸エステルの移動を伴う五員環環化反応について示す．この原子団移動反応は環化後の炭素ラジカルがチオカルボニル基の硫黄に付加を行い，安定なラジカル中間体が生成する．これより，β 開裂が起こり，連鎖反応が進行する．

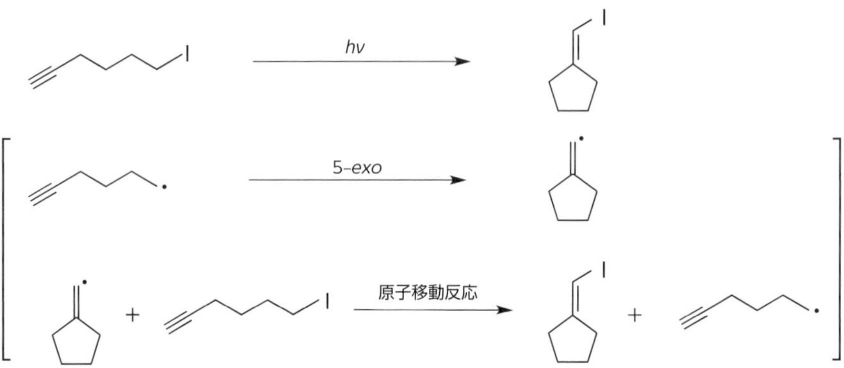

図 4・10　ヨウ素原子移動を伴うラジカル環化反応

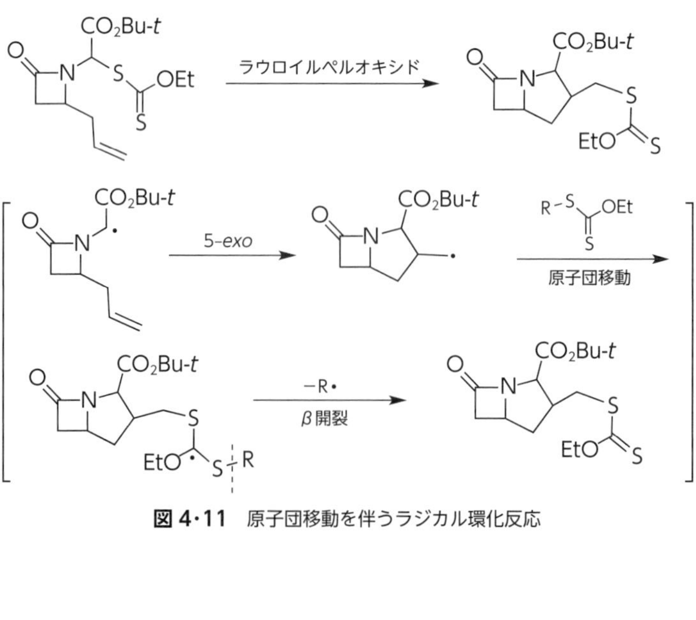

図 4・11　原子団移動を伴うラジカル環化反応

分子内ラジカル置換による環化反応

　ラジカル置換によって環化を進行させることが可能である．Beckwith らによる図 4・12 の反応ではトリブチルスズラジカルの臭素引抜きによりフェニルラジカルを生成させ，硫黄上での分子内ラジカル置換反応($S_{H}i$ 反応：intramolecular homolytic substitution)が企てられている．この置換反応は直線的な遷移状態をとり進行するが，*t*-Bu ラジカルの脱離とともに縮環したラクタムが生成する．*t*-Bu ラジカルはトリブチルスズヒドリドより水素を引き抜き，トリメチルメタンとなる．このときに生成したトリブチルスズラジカルは臭素の引抜きを行い，再びフェニルラジカルを与えることで，反応は連鎖的に進行する．

イミン結合へのラジカル環化反応

　イミンは極性結合であり，イミンへのラジカル環化は極性の影響を受ける．たとえば Bowman らはアルキルラジカルのイミン N–C 結合への環化において，C–C 二重結合への環化とは対照的に炭素上での 6-*endo* 環化が競争することを見出している(図 4・13)．この事実はアルキルラジカルが求核的なラジカルであり，電子密度の高い窒素上を回避した結果とみることができる．アリールラジカルの環化においても，5-*exo* 環化よりも 6-*endo* 環化が優先する例が多く知られている．一方で，イミンの置換基により，環化の選択性を制御できることも知られている．たとえば，高野らはフェニルラジカルのイミン N–C 結合への環化においてはむしろ 6-*endo* 環化が優先するこ

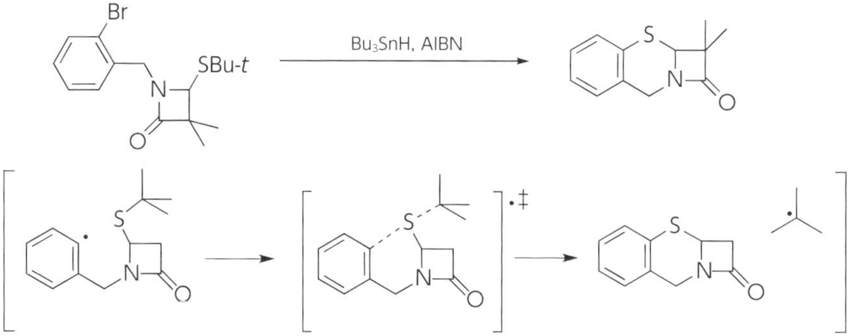

図 4・12 $S_{H}i$ 反応による環化反応

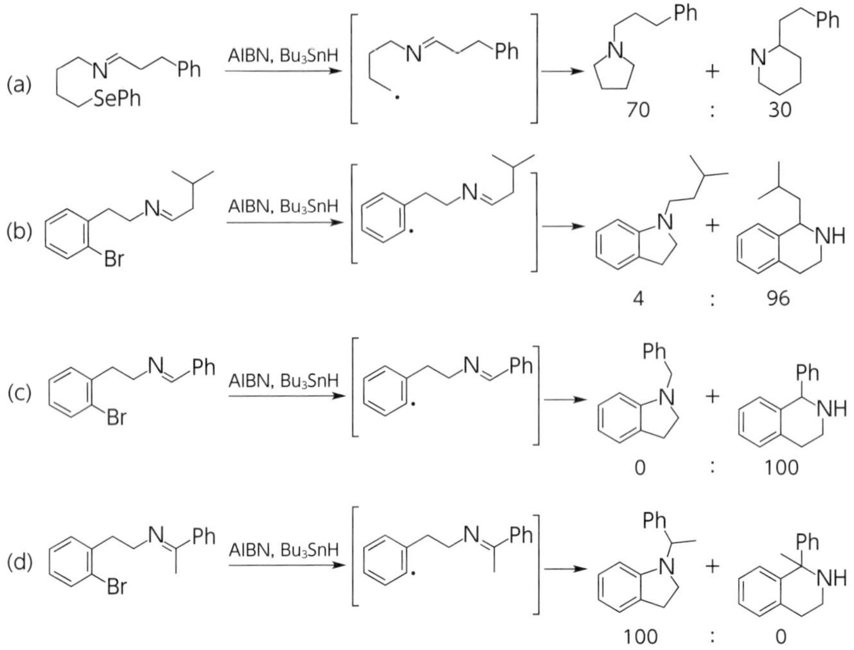

図 4·13　イミン N–C 結合への各種炭素ラジカルの環化挙動

とを見出している．イミンの末端炭素をフェニル基で置換した場合のアリールラジカルの環化は依然として 6-*endo* 環化が優先するのに対し，Johnston らは図(c)に示したように，環化末端にフェニル基とメチル基をともに置換した場合には，環化を選択的に 5-*exo* 体に導けることを見出している．すなわち，この場合は，生成ラジカルの安定性と立体障害による 6-*endo* 環化過程の妨害が選択性発現の要因といえる．

　一方，イミン N–C 結合へのアシルラジカル環化では，これらの例とは対照的に 100 ％窒素上で環化が起こり，ラクタム環が構築される（図 4·14）．前にも述べたように通常アシルラジカルは求核的ラジカルに分類されるが，このような求電子的環化挙動をも示すことはアシルラジカル特有であり，同じく図 4·14 に示したようなイミン窒素の孤立電子対とアシルラジカルのカルボニル基の π* との相互作用によって説明される．

　この極性効果を活かした環化反応の適用範囲は広い．たとえば図 4·15 に示した 4-*exo* 環化も良好に進行する．またこの手法により 5-*exo*，6-*exo*，7-*exo*，8-*exo* まで広範なラクタム環の環化が達成できる．

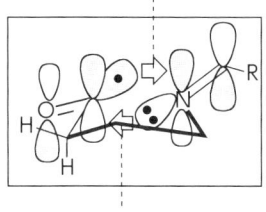

アシルラジカルの SOMO−イミンのπ*

窒素の孤立電子対−カルボニル基のπ*

図 4·14 アシルラジカル環化における窒素選択性と Dual 軌道効果

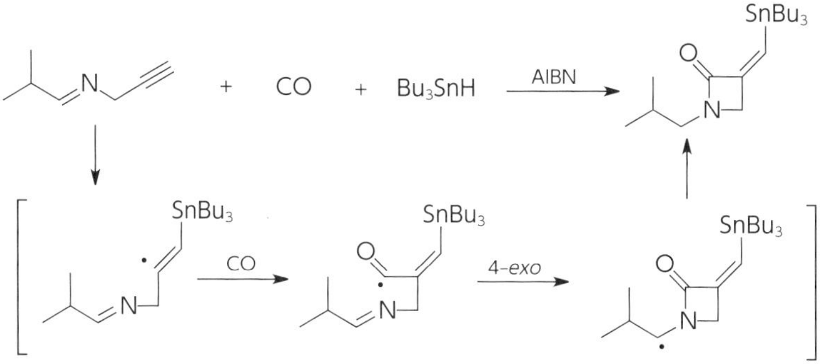

図 4·15 イミン N−C 結合へのアシルラジカル環化によるβ−ラクタム環の合成

　さらに図 4·16 で示した例ではアシルラジカルにとって 5-*exo* 環化と 6-*endo* 環化の二つの可能性があるが，このとき，環化の選択性を決めるのはアシルラジカルのカルボニルの極性とイミン N−C 結合の極性のマッチングであり，100％の選択性で 6-*endo* 環化が進行する．ラジカル極性効果が強く発現した好例である．

　一方，窒素ラジカル種が分子内の炭素−炭素不飽和結合へ付加する反応も含窒素複素環を与えることができる．しかし単純な窒素ラジカルであるアミニルラジカルの 5-*exo* 環化の速度は 50 ℃で $2 \times 10^4 \, \mathrm{s}^{-1}$ とそれほど速くはない．これは，アミニルラジカルは窒素上に孤立電子対をもつことから求核的ラジカルであり，とくに電子求引性の置換基をもたない通常の炭素−炭素二重結合への付加は緩慢となるためである．も

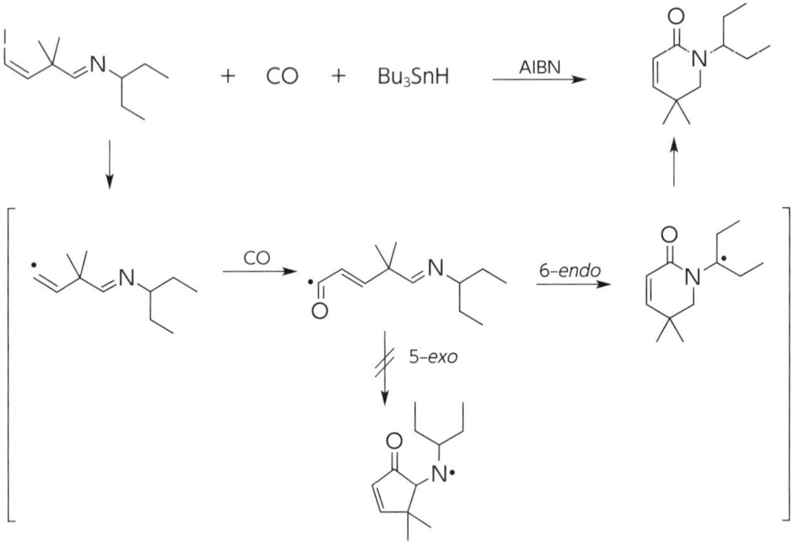

図 4·16 アシルラジカルによる 6-*endo* 環化反応

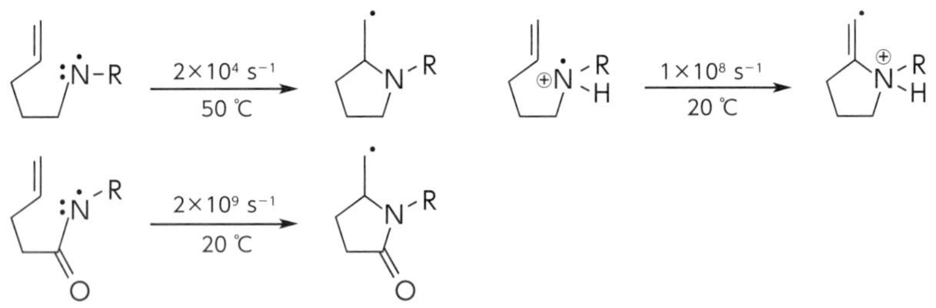

図 4·17 アミニルラジカルによる 5-*exo* 環化の反応速度定数

し孤立電子対をブレンステッド酸やルイス酸で不活性化できるならば，求電子性が増し，環化の加速が期待できる．実際プロトン化されたアミニルラジカルは環化速度が $10^8\ s^{-1}$ と 4 桁以上も速くなる（図 4·17）．一方，カルボニル基などの電子求引性基が隣接しているアミジルラジカルの場合は，その効果により求電子的となり，酸を加えずとも環化はきわめて速い．

　アミニルラジカルの場合とは対照的に，イミニルラジカルは反応性が高く，その 5-*exo* 環化は通常の中性条件下で良好に進行する（図 4·18）.

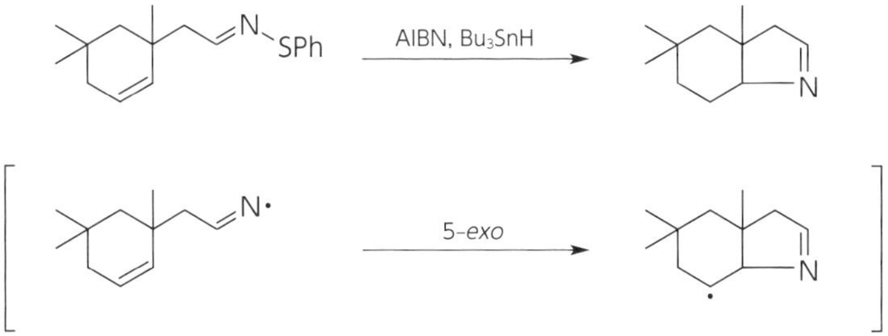

図4·18 イミニルラジカルによる 5-*exo* 環化反応

コラム 4 | ラジカルクロック

　ラジカル反応の速度定数は紫外可視分光法による高速検出法と，ラジカル生成のためのレーザーフラッシュ光分解(LFP)やパルス放射線分解などのパルス照射法を備えた物理化学の研究室で直接的に測定できる．一方で基準反応との比較により間接的に反応速度を得る方法は，これらの設備をもたない有機化学の研究室でも実行できる．すなわち競合反応の生成物を定量し，生成物の比率や試薬の濃度により，速度定数が既知の競合反応(基準反応)の速度定数を用いて定量化する．そのような基準反応としてはデータが豊富に蓄積されている 5-*exo* 型の環化反応やシクロプロピルカルビニルラジカルの開環反応がもっともよく用いられる．このとき，基準反応であるがゆえにこれらの反応について"ラジカルクロック"という言い方を用いる．しかし，最近の有機合成の論文では，単にシクロプロピル基の開環反応や 5-*exo* 環化反応の基質のことを"ラジカルクロック"として表記している論文が少なからず見受けられる．ラジカルクロックとはあくまでも，既知の反応速度定数を「基準時計」として，未知の相対反応速度定数を見積もる手法として用いるときに使うべきであり，したがって，反応速度定数を見積もっていない研究では，むしろ"ラジカルプローブ実験"とするべきであろう．

演習で理解しよう　ラジカル反応のメカニズム：4

A. 以下の反応ではスズヒドリドの濃度が高い条件では分子内付加反応を経て，五員環生成物が高選択的に生成するが，希薄条件では六員環生成物の生成比が増加する．この理由を考えよ．

	97	:	1
	3	:	1

B. 以下の反応の反応機構を考察せよ．

C. 次のラジカル反応の反応機構を示せ．

(1)

(2)
Br
AIBN, Bu₃SnH

(3)
OEt
I
SPh
hν
Bu₃SnSnBu₃
H

(4)
Br
CN
AIBN, Bu₃SnH
N

(5)
I
TMS
AIBN, Bu₃SnH
C₆H₆, 還流
TMS

(6)
Br
SPh
AIBN, Bu₃SnH

(7)
CH₂OAc
NH
Et₃B, Bu₃SnH
トルエン, 室温
CH₂OAc

(8)
Ph
Et
(TMS)₃SiH (4 当量)
AIBN, hν (Hg)
C₆H₆, 室温, 20 h
Ph
Et

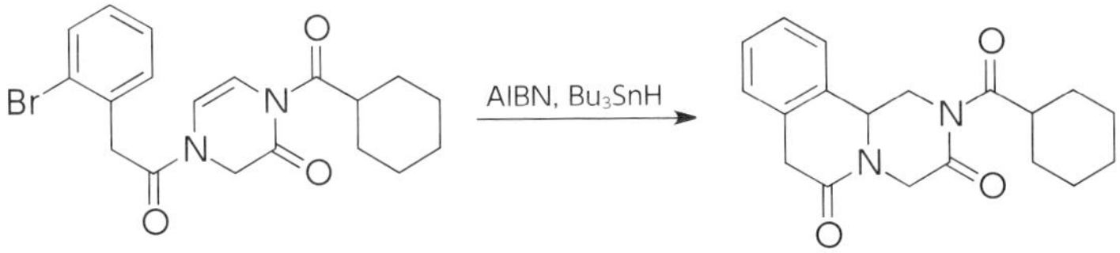

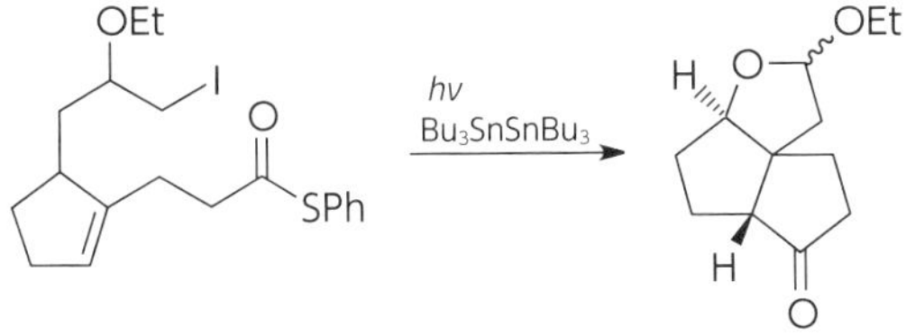

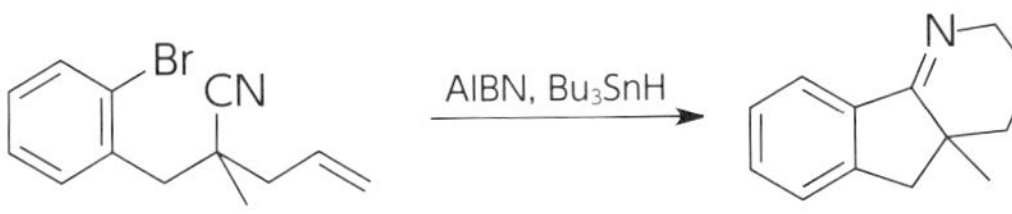

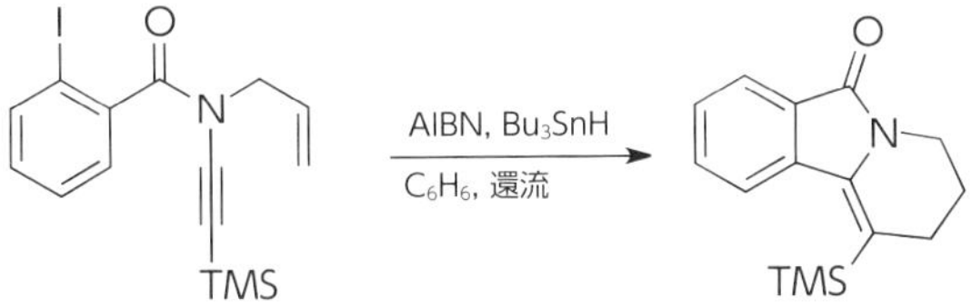

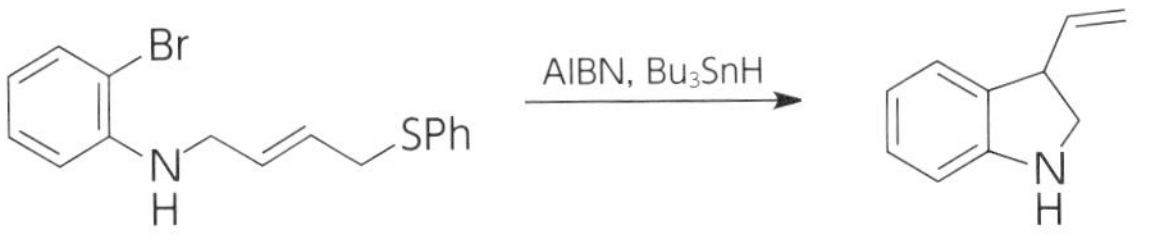

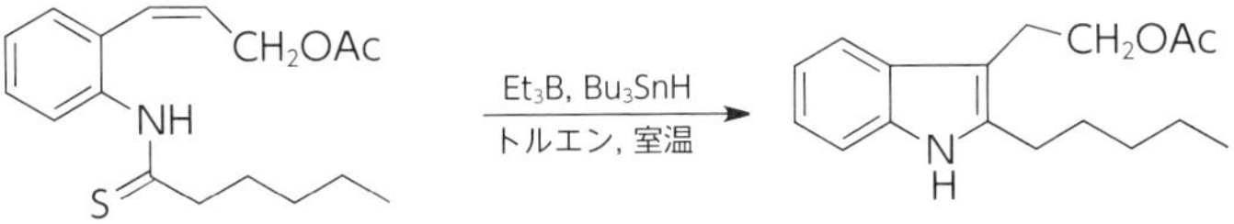

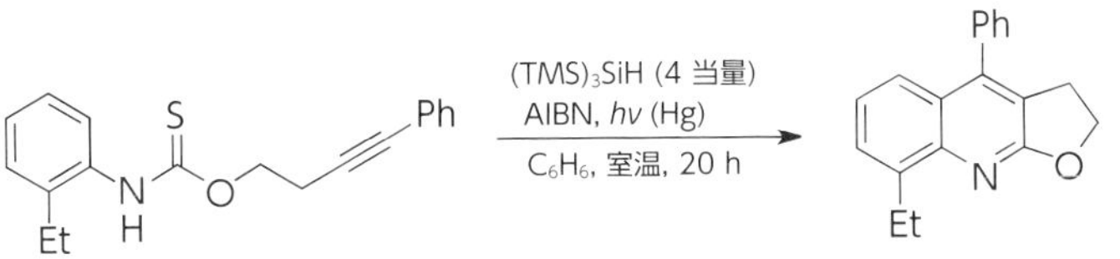

(9)

(10)

(11)

(12)

(13)

(14)

5

電子移動によるラジカル反応

一電子還元によるラジカル反応

　一電子の移動で起こるラジカル反応も一般的である．一電子移動はしばしば SET (single electron transfer)と略記される．図 5·1 では第二級のアルキルヨージドの光分解の例を示した．この反応ではまず，ホモリシスが起こり，二つのラジカルが発生し，つづいてラジカル間での一電子移動が起こり，最終的に E2 脱離生成物が得られる．

　一方，同じアルキルヨージドに一電子還元を介在させ，ラジカルアニオン(またはアニオンラジカル)とすることで，ホモリシスが容易に起こり，アルキルラジカルとヨウ化物イオンを与えることはよく知られている．リチウムや亜鉛，ヨウ化サマリウム(SmI_2)などは一電子還元剤としてラジカル発生に用いられる．一電子還元剤の強さは酸化電位(試薬自身の酸化されやすさ)で表すことができる．酸化電位は負に大き

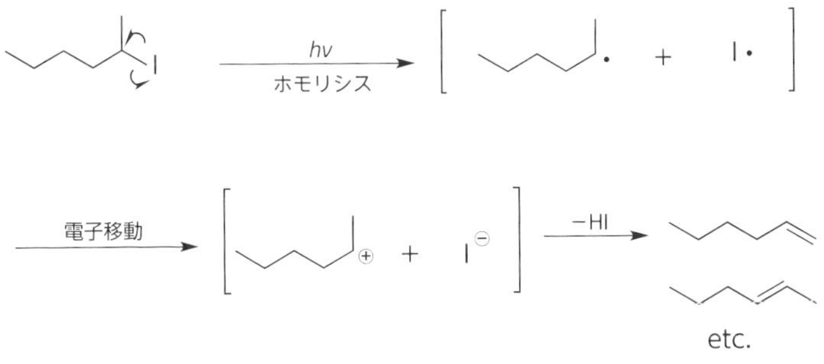

図 5·1　ヨウ化アルキルの光によるホモリシスと生成した炭素ラジカルの分解挙動

いほど還元力が強い．たとえばアセトニトリル中で測定したアルカリ金属の酸化電位は，飽和カロメル電極(SCE)を基準とした電位で Li$^+$/Li＝－3.47 V，Na$^+$/Na＝－3.11 V，K$^+$/K＝－3.40 V との測定データが知られている．これらはいずれも負に大きな数字であり，これより電位が大きい基質を還元できることになる．たとえばテトラデシルブロミドの還元電位(RBr/[RBr]$^{・-}$)は－2.29 V であり，これらの金属すべてが一電子移動を起こし，ラジカルアニオンを経由しアルキルラジカルと臭化物イオンを与える．生成したアルキルラジカルの還元電位(R$^・$/R$^-$)は－2.2 V であり，過剰に存在せたこれらの金属によりさらに一電子還元を受けカルボアニオンとなる．一電子還元剤として知られる SmI$_2$ は THF 中で実測された酸化電位が－0.89 V であり，水が配位した SmI$_2$・nH$_2$O の場合－1.3 V まで還元力が向上することが知られているがテトラデシルブロミドをも還元することから，実際には，測定値よりも負に大きい酸化電位を有すると Procter らにより見積もられている．測定データの数値からの推察と，溶媒や基質の配位も考えられる有機反応の現場での反応生起の状況に乖離がみられることは時に経験することでもあり，数字による議論が一人歩きしないように留意する必要がある．

　2-ヨードプロパンと亜鉛，アクリロニトリルとの反応を例に考えてみよう(図5・2)．亜鉛から一電子が 2-ヨードプロパンに伝達され(一電子還元)，2-ヨードプロパンは電子が一つ多い状態となるが，もともと中性分子だったことから収容した一電子は不対電子として存在する．この特殊な状態がラジカルアニオンである．この活性種よりヨウ素と炭素の結合が解離することでラジカルアニオンの状態を解消し，片方がラジカルに，もう片方はアニオンに分離する．このさい，供与された電子を受け持つのは電気陰性度のより大きいヨウ素のほうであり，ヨウ化物イオンとなる．かたやイソプ

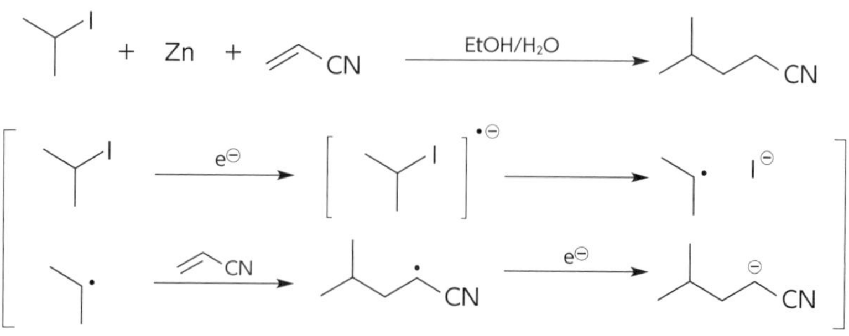

図 5・2　第二級アルキルヨージドと亜鉛の反応

ロピルラジカルが発生する．この炭素ラジカルは第二級ラジカルであり，さらに一電子還元を受ければカルボアニオンに変換も可能だが，安定とはいえない第二級炭素アニオンを与えるこの一電子還元反応は起こりやすくはない．よってラジカル種としての反応コースを選ぶ．たとえばアクリロニトリルのようなアルケンが共存しているとこれにラジカル付加反応を起こす．生成したラジカル種は，亜鉛から一電子還元を受けてシアノ基により安定化されたカルボアニオンに変換される．系中に水素イオンがあればこれと反応し，生成物が得られる．このように一電子還元系ではラジカル種の反応とアニオン種の反応が複合化された反応系となる点に特徴がある．

　Cr(II)塩は一電子還元試薬として用いられる．以下の図5・3に示した例において，塩化クロム(II)は一電子移動により第三級のアルキルヨージドをラジカルアニオン種に変換させ，これより炭素ラジカル種を生成させることができる．高井らによるこの反応では生成したアルキルラジカルはジエンに付加する．生成したアリルラジカルは，アルデヒドに付加を起こさないが，さらに一電子還元を受けてアリルアニオンとなった後，アルデヒドに求核付加を行い，生成物に至る．収率もよく，生成物も単一の立体異性体であり，ラジカルとアニオンの協働作用を実現した好例といえる．

　金属Na(酸化電位：-3.11 V *vs.* SCE)を用いたエステル(還元電位；約-3 V *vs.* SCE)の還元的二量化反応はアシロイン縮合とよばれる．エステルの一電子還元により生成したラジカルアニオンがラジカル–ラジカルカップリングし，それにつづくアルコキシドの脱離によりジケトンが生成する．得られたジケトンがそれぞれ一電子還元を受けることで，エンジオールが得られる．エンジオールは不安定であるので，

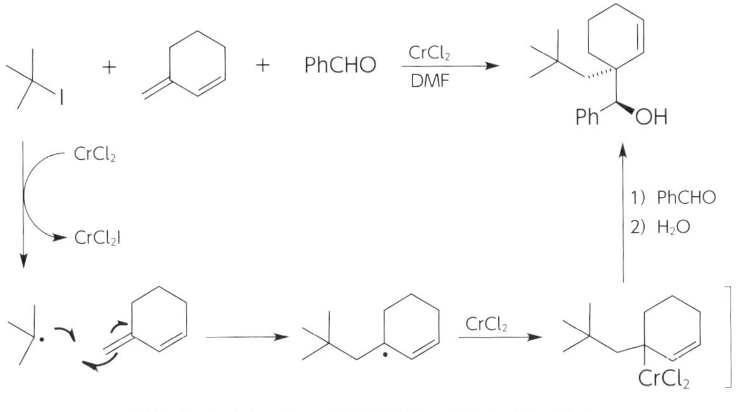

図5・3　Cr(II)による一電子還元系での三成分連結反応

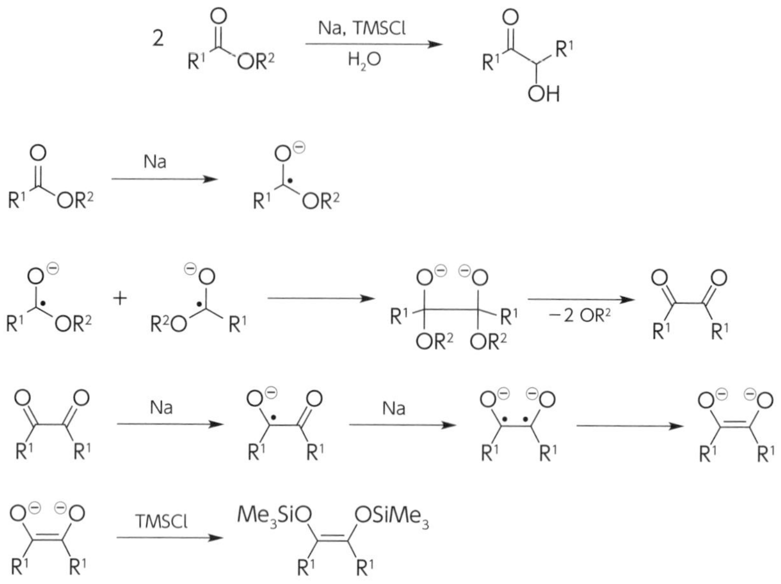

図 5・4　金属 Na によるアシロイン縮合（Ruhlman 法）

Me₃SiCl（TMSCl）を添加剤として加えエンジオールジシリルエーテルを与える改良法（Ruhlman 法）が 1971 年に開発されている（図 5・4）．なお，通常はベンゼンやトルエンなどの非プロトン性溶媒が用いられる．プロトン性溶媒を用いると還元反応がさらに進行しジオールが得られる．

　Birch 型還元は Birch によって見出された液体アンモニア中で Na を用いた芳香環の還元を行う方法であるが，Procter らは SmI_2 の水和物を用いて Birch 型還元に成功している．図 5・5 に示した例では重水を含んだ SmI_2 によるアントラセンの還元を示した．アントラセンの還元電位は $-1.98\,V$（*vs.* SCE）であるが，SmI_2 の水和物の実際的な酸化電位を $-2.2\,V$（*vs.* SCE）と想定すると還元の進行は想定内である．また予想される位置に重水素イオンが導入された．一方，還元電位が $-2.4\,V$（*vs.* SCE）や $-2.6\,V$（*vs.* SCE）とより負に大きい 1,4-ジフェニルベンゼンやスチレンなどについては還元反応が生起しなかった．

　Fe^{2+} は一電子還元剤として，過酸化水素を分解させ，ヒドロキシルラジカルと水酸化物イオンを与える．この過酸化水素と Fe^{2+} の組み合わせは 1894 年に Fenton によって見出されたことから Fenton 試薬とよばれ，生体内でも遊離またはタンパク質

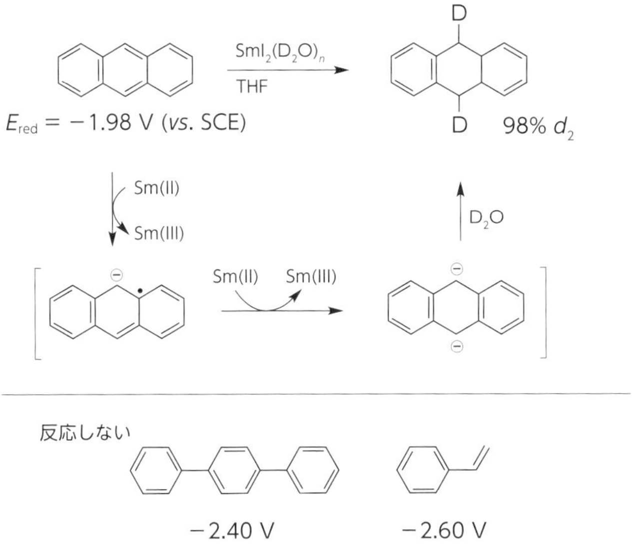
SmI2(D2O)n
THF
D
D
98% d2
Ered = −1.98 V (vs. SCE)
Sm(II)
Sm(III)
D2O
Sm(II)
Sm(III)
反応しない
−2.40 V
−2.60 V

図 5·5 ヨウ化サマリウム(II)によるアントラセンの Birch 還元反応

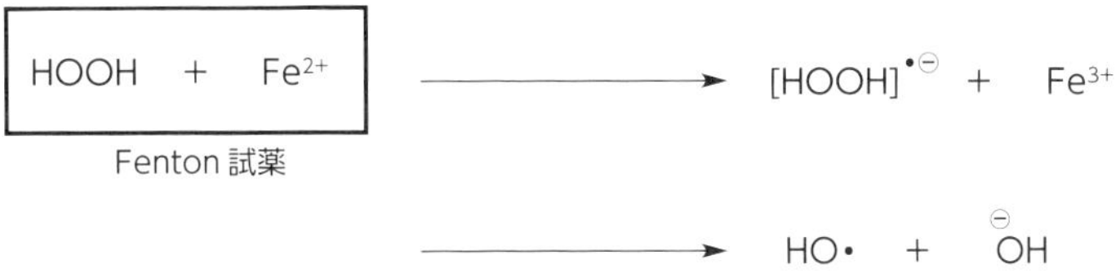
HOOH + Fe2+
Fenton 試薬
[HOOH]•⊖ + Fe3+
HO• + ⊖OH

図 5·6 Fenton 試薬による過酸化水素の分解反応

に結合した鉄(II)塩や銅(I)塩によってヒドロキシルラジカルが生起していることが明らかとなっている(図 5·6). 酸化された Fe(III)種は細胞内のアスコルビン酸などの還元種で Fe(II)種にただちに戻されるので, 反応は触媒的に進行する.

芳香族ジアゾニウム塩を 1 価の銅塩により一電子還元すると芳香族のハロゲン化を行うことができる(図 5·7(a)). Sandmeyer 反応とよばれるこの人名反応では, 銅塩は 1 価と 2 価を行き来し, 還元と酸化を繰り返し行う. Fenton 反応の場合もそうであるが, このように還元と酸化が繰り返される反応を一般にレドックス反応(redox : reduction–oxidation を組み合わせた造語)という. 図 5·7(b)は Kochi による反応例で, スチレンの共存下に反応を行うと, フェニルラジカルがスチレンに捕捉された後, 塩化銅(II)からの塩素伝達(配位子移動)により付加体が生成するとともに 1 価の銅塩が

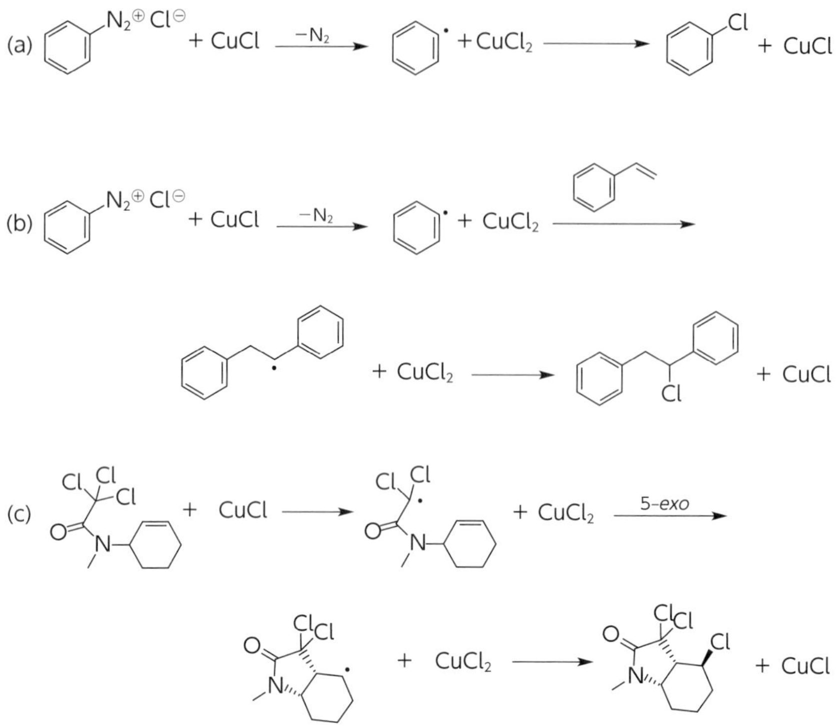

図 5·7　塩化銅をレドックス触媒とする Sandmeyer 反応(a)，Kochi 反応(b)，および Kharasch 反応(c)

再生される．図 5·7(c)は環化を伴う Kharasch 反応の例であるが，Cu(I)−Cu(II)のレドックス系で進行させることができる．塩化銅にビピリジルなどの 2 点配位の窒素配位子を加えて反応を行うと，反応が顕著に加速される．また RuCl$_2$(PPh$_3$)$_3$ を用いる Ru(II)−Ru(III)のレドックス触媒を用いても反応は円滑に進行する．レドックス触媒を用いる Kharasch 反応の原理は 9 章で述べる原子移動型ラジカル重合に応用されている．

　遷移金属触媒とラジカル反応を組み合わせた，エナンチオ選択的置換反応が活発に研究されている．たとえば，Liu らはキラル銅触媒による，クロロアミドのアミノ化反応を達成している．ラセミ体の塩化物への一電子還元によるラジカルの生成，つづく銅錯体を介した面選択的なアミノ化反応によりキラルアミンが高いエナンチオ選択性で得られる(図 5·8)．

図 5・8 Cu(I)による一電子還元によるラジカル形成を鍵とするエナンチオ選択的アミノ化反応

コラム 5 | 酸化還元電位と電子移動:「上から下へ」のススメ

電子移動反応において,一電子を与えるものを電子供与体(D:ドナー)とよび,一電子を受け取るものを電子受容体(A:アクセプター)とよぶ.電子供与体は電子を一つ失い,電子受容体は電子を一つ得る.そのため,電子供与体は一電子還元剤,電子受容体は一電子酸化剤でもある.電子移動反応は平衡反応であり,ギブスエネルギー変化(ΔG_{et})と平衡定数(k_{et})の関係は式(1)のようになる(R は気体定数,T は絶対温度).

$$D + A \xrightleftharpoons{k_{\mathrm{et}}} D^{\bullet\oplus} + A^{\bullet\ominus}$$
$$\Delta G_{\mathrm{et}} = -RT \ln k_{\mathrm{et}} \tag{1}$$

また溶液中の ΔG_{et} は D の一電子酸化電位(E_{ox})と A の一電子還元電位(E_{red})から式(2)のようになる(F はファラデー定数).

$$\Delta G_{\mathrm{et}} = F(E_{\mathrm{ox}} - E_{\mathrm{red}}) \tag{2}$$

なお,D の一電子酸化電位は $D^{\bullet+}$ の一電子還元電位と同じであり,A の一電子還元電位は $A^{\bullet-}$ の一電子酸化電位と同じである.E_{ox} や E_{red} の値はサイクリック

ボルタンメトリー(コラム6参照)などの電気化学測定により得られる実測値である．そのため，$E_{ox}=E(D^{\cdot+}/D)$ や $E_{red}=E(A/A^{\cdot-})$ と記載することもある．ちなみにこの表記では一般に電子の多いほうを右側に記している．

　式(1)より，ΔG_{et} の値が負になると，平衡は右に偏る．また，式(2)よりドナーの一電子酸化電位(E_{ox})よりもアクセプターの一電子還元電位(E_{red})のほうが大きい場合も右に偏る．たとえば Na の一電子酸化電位は-3.11 V，ベンゾフェノンの一電子還元電位は-1.72 V であり，ΔG_{et} は負となるので平衡は右に偏る．この反応は金属 Na によるベンゾフェノンケチルの生成でよく見る反応であり，カップリングすると加水分解を経てジオールに至る．さて，理解しやすくするために「上から下」方式はいかがであろうか．ギブスエネルギーを縦軸にとると，式(1)より，負の電位が上側となる図を書くことができ，あえてこの図を用いることで次のように理解が容易となる．すなわち負の数字が大きい上のほうから少ないほうの下に向かって電子の自発的移動が起こる．ポイントは「上から下」である．たとえば Na の酸化電位は-3.11 V，ベンゾフェノンの還元電位は-1.72 V であるため「上から下」へ1電子が移動する．また Fenton 反応の場合，Fe^{2+} の酸化電位は$+0.53$ V であるのに対し過酸化水素の還元電位は$+1.53$ V であるため電子の移動が起こる．なお，有機化合物の一電子酸化もしくは還元は可逆性がないことが多いため，酸化還元電位の算出が難しい場合も多い．

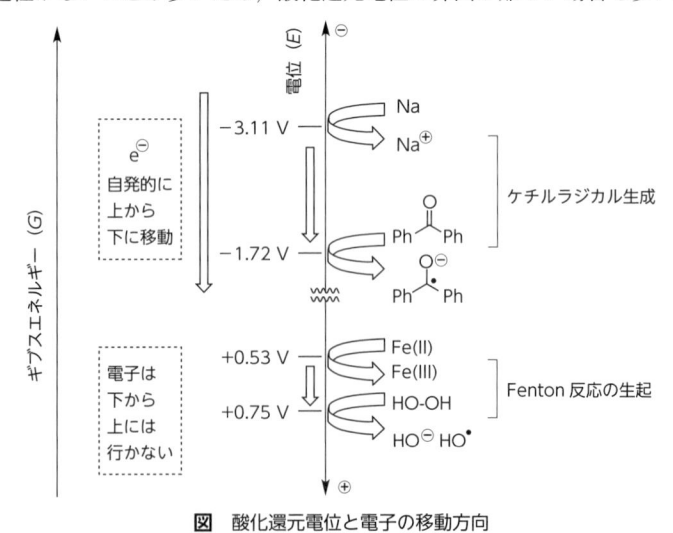

図　酸化還元電位と電子の移動方向

　アミニルラジカルは同一窒素原子上に孤立電子対をもつ影響で求核性に乏しく，これを経る 5-*exo* 環化は効率のよい環化ではないことはラジカル環化のところですでに述べた．図 5·9 の例は 3 価のチタンがレドックス触媒としてはたらくアミニルラジカルによる環化反応例である．この反応で当モル量使用する BF$_3$·OEt$_2$ は窒素上の孤立電子対にルイス酸としてはたらかせて，A を生成させ，次に発生するアミニルラジカルの求核性を高めることで環化を促進している．一方，3 価のチタンは A に対して一電子還元を行い，塩化物アニオンとラジカル種 B を与える．B は 5-*exo* 環化によりラジカル C に変換され，4 価のチタンから塩素原子を引き抜いて生成物となり，同時に 3 価のチタンが再生される．

　シクロペンタジエニル配位子(Cp)を二つ有する 3 価の塩化チタンである Cp$_2$TiCl は一電子還元剤としてはたらく．Cp$_2$TiCl を用い，その酸素親和性を活用することで，エポキシドを出発基質とし，還元的にラジカルを発生することができる．図 5·10 に示した例では，エポキシ基への Cp$_2$TiCl からの一電子還元により，ケチル型ラジカルが生成し，五員環環化と一電子還元を繰り返すことで，チタニウム化合物を与える．水を共存させることにより，双環性のアルコールが生成物として得られる．

　近年，遷移金属触媒からの電子移動を活用するラジカル反応が注目を集めている．たとえば，クロスカップリング反応でよく用いられる Pd(PPh$_3$)$_4$ 錯体は有機ハロゲン化物に一電子移動を行い，炭素ラジカル種を発生できる．図 5·11 はペルフルオロアルキルヨージドの原子移動型付加反応が触媒量の Pd(PPh$_3$)$_4$ 錯体の添加で良好に進行する例である．この電子移動過程で生成するパラジウム種は形式価数が 1 価であり，パラジウムラジカルと見なすことができる．この反応では Pd(PPh$_3$)$_4$ 錯体は電子移動を経て，ラジカル開始剤としてはたらく．生成する Pd(I) は基質からヨウ素引抜きに

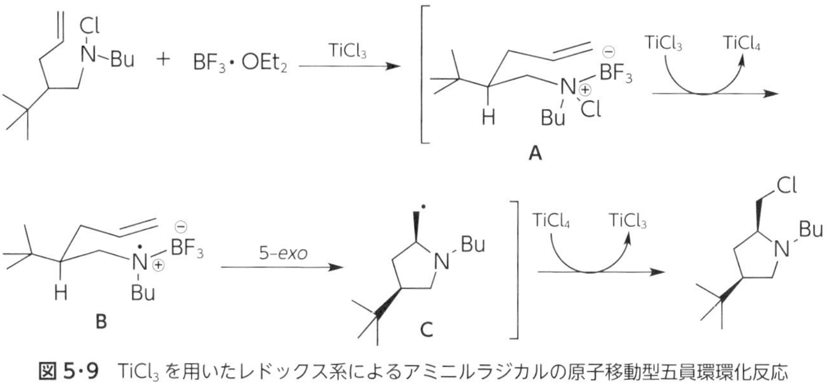

図 5·9　TiCl$_3$ を用いたレドックス系によるアミニルラジカルの原子移動型五員環環化反応

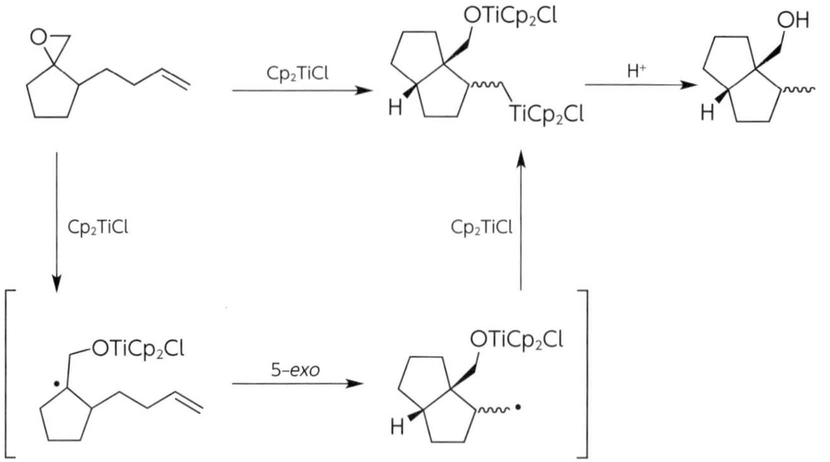

図 5·10 Cp₂TiCl を用いるエポキシドからのラジカル発生と環化反応

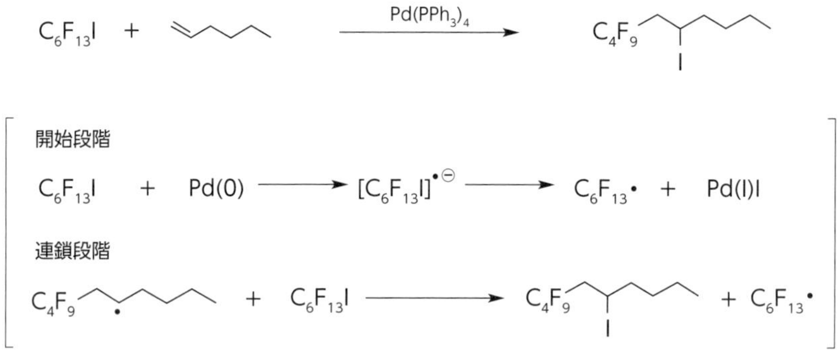

図 5·11 Pd(0)をラジカル開始剤とする原子移動型付加反応

より安定な Pd(II)錯体に転じることができるが，一方で次の反応に示すような二量体の生成と関与も考えられる．

　Kubiak らはメチルイソシアニドを配位子とするパラジウムの二核錯体が光照射によりホモリシスを起こす例を見出している（図 5·12）．ここで生成すると考えられる 1 価のパラジウム種はパラジウムラジカル種と見なすことができる．四塩化炭素から塩素原子を引き抜き，2 価のパラジウムカチオン種となる．

　Pd(0)錯体からの電子移動により Pd(I)錯体を発生させ，ラジカル種によるラジカル反応の開始と，つづくラジカルカルボニル化反応，そして，最終的にパラジウム種

が反応に機能する活性種協働型のカルボニル化反応がこれまでに開発されている．初期には鈴木，宮浦，石山らにより，光照射下でのパラジウム触媒によるヨウ化アルキルのカルボニル化の研究がなされラジカル種の介在が提案されていたが，カルボニル基の挿入段階はパラジウム錯体上の反応として提案されていた．最近の柳，隅野らによる研究では，カルボニル化段階もラジカル付加であることが立体化学の検討を通じて提案されている．図5・13には柳，隅野らによるカスケード型カルボニル化反応の例を示した．第一の反応例では系中で生成した Pd(0) 種が光励起され，一電子移動を起こし，シアノメチルラジカルとパラジウムラジカルとなる．生成炭素ラジカルが1-オクテンと一酸化炭素に連続付加を起こしアシルラジカルに至り，その後，パラジ

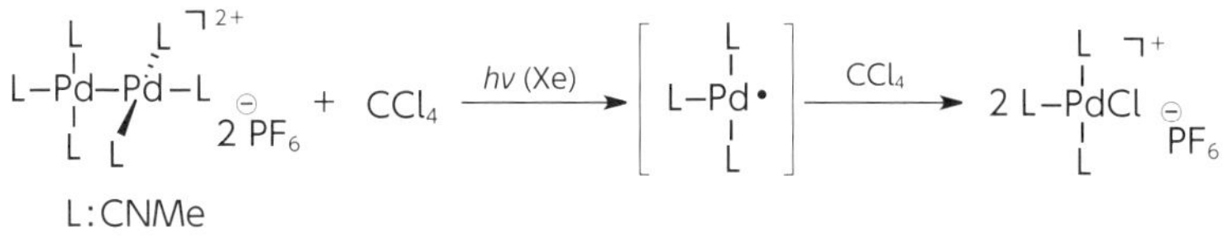

図 5・12 光照射下での Pd 二核錯体と四塩化炭素の反応

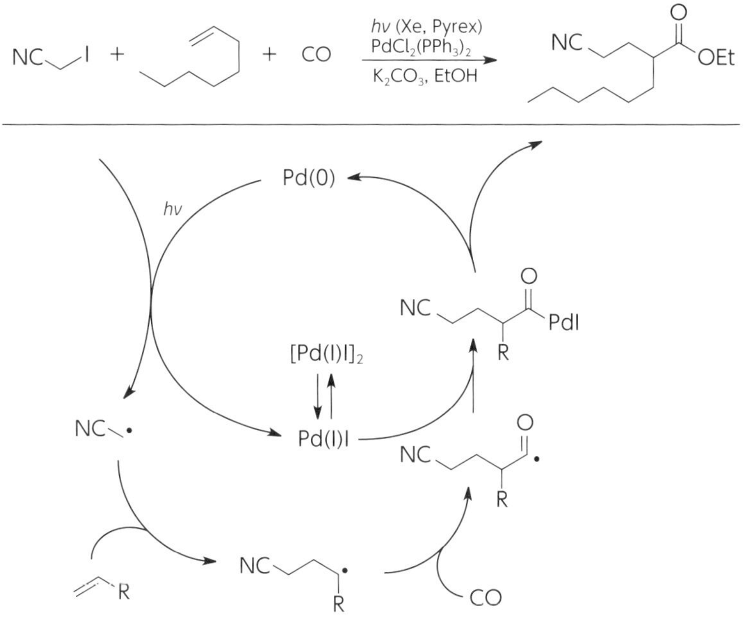

図 5・13 パラジウムラジカル種が介在するカスケード型カルボニル化反応

ウムラジカルとのカップリングによるアシルパラジウム錯体の生成，アルコリシスを経てエステルが生成するものと考えられる．

　また図5・14の例ではアシルラジカル環化を経て2分子目の一酸化炭素の取込みが起こり，生成したアシルラジカルがアシルパラジウム錯体に変換され，フェニルボロン酸と反応し，還元的脱離を経て生成物に至るものと考えられる．これらの反応機構において，パラジウムラジカルは persistent radical として機能しているものと推察される．

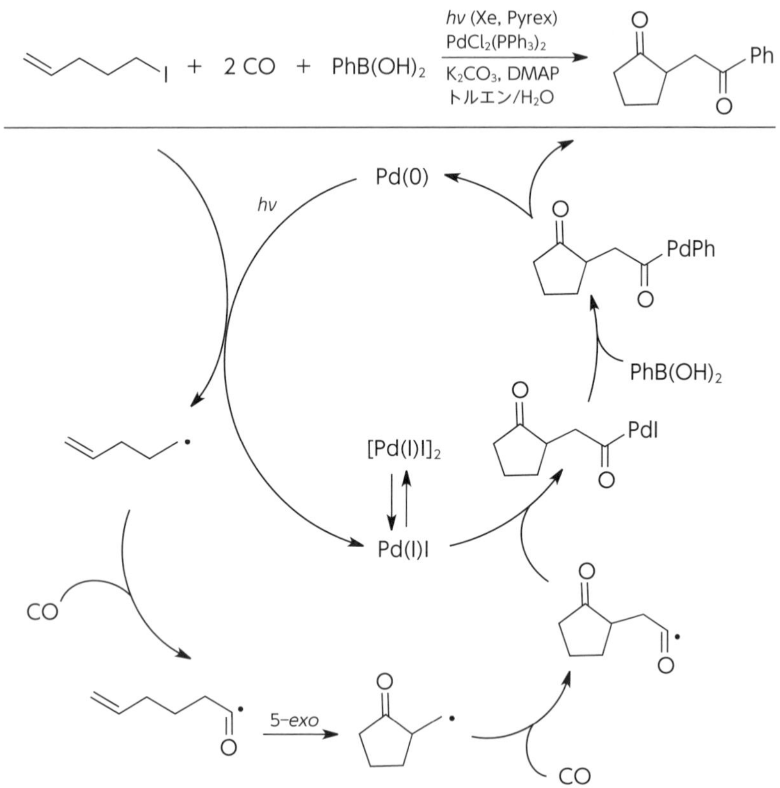

図5・14　パラジウムラジカル種が介在するカスケード型ダブルカルボニル化反応

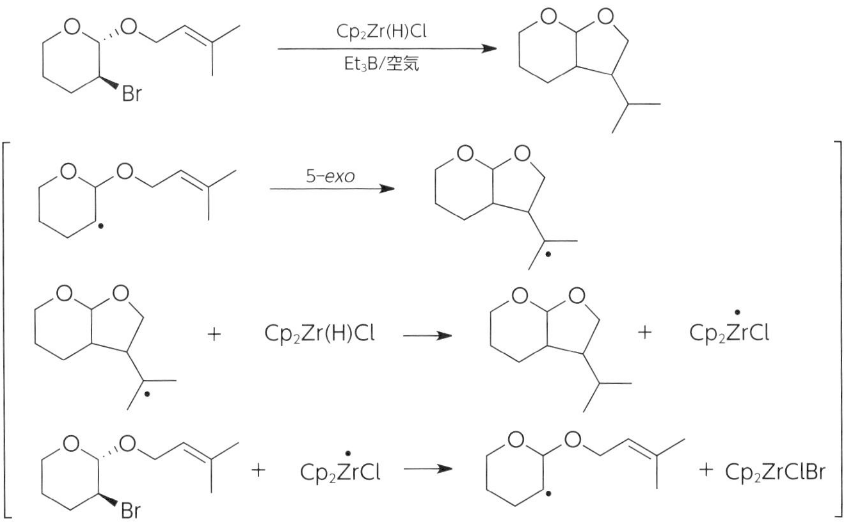

図 5·15 ジルコノセンヒドリドが介在するラジカル反応

遷移金属ヒドリド種をラジカル反応に用いる研究も行われている．大嶌，依光らは Schwarz 試薬としてオレフィンのヒドロジルコネーションに用いられる水素化ジルコニウム試薬(ジルコノセンヒドリド)がラジカル反応に利用できることを見出している．図 5·15 の例ではラジカル環化に用いた例であるが，特筆すべきは水素供与のみならず，ジルコニウムラジカルがハロゲン引抜きを行い，ラジカル連鎖を効率よく伝搬していることである．

S$_{RN}$1 反応

求核置換反応の中には光照射や電子移動により進行する反応が数多く知られている．このような求核型置換反応を S$_{RN}$1 反応 (substitution, radical, nucleophilic, unimolecular)とよぶ．有機ヨウ素化合物が一電子還元を受けるとラジカルアニオンが形成され，これがラジカルとアニオンに分離することはすでに学んだが，こうした電子移動プロセスは可逆過程である．すなわち，ラジカルがアニオンと反応すればラジカルアニオンとなる．S$_{RN}$1 反応ではこのラジカルとアニオンによる新たなラジカ

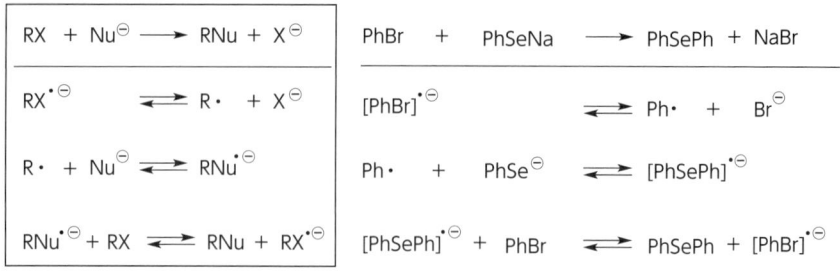

図 5·16　S$_{RN}$1 反応とその反応機構および反応例

ルアニオンの形成が機能する．すなわち，図5·16に示したようにラジカル種とラジ
カルアニオン種がともに介在する．S$_N$1 反応では R-X がヘテロリシス（不均等開裂）を
起こしカルボカチオンを生成させると，これが求核種により捕捉されるのに対して，
S$_{RN}$1 反応では[R-X]$^{•-}$ すなわちラジカルアニオンがヘテロリシスを起こしラジカルが
生成し，これが求核剤と反応し，再びラジカルアニオンを形成した後，R-X への電子
移動を経て置換生成物に至る．図5·16の反応例では，フェニルラジカルがベンゼン
セレナートイオンに攻撃し，ラジカルアニオンを形成し，これより原料の臭化ベンゼ
ンへの一電子移動が起こり，置換生成物を与える．このラジカルアニオンからは再び
フェニルラジカルが発生し，連鎖反応が進行していく．

BHAS 反応

　後述するように，炭素ラジカルをプロトン化した含窒素芳香族環に付加をさせ，芳
香族置換を行う反応は Minisci（ミニッシ）反応として知られるが，伊丹らはヨードア
レンによるピラジンへの芳香族置換反応が KOt-Bu のような塩基によって進行するこ
とを見出した（図5·17(a)）．ラジカル種による芳香族置換反応は HAS(homolytic
aromatic substitution)反応として知られるが，このようにとくに塩基を用いるものを
BHAS(base promoted homolytic aromatic substitution)反応という．白川，林らや Lei,
Kwong らはそれぞれ，t-BuO アニオンにより，ヨードアレンによるベンゼンの置換
反応が進行することを報告した（図5·17(b)）．また柳らは光照射下にシアノボロヒド
リドを用いた反応系で同様な芳香族アリール置換反応を見出している．これらの反応
例では塩基によるラジカルアニオン種の生成を経る連鎖反応により，ベンゼン環上で
の置換反応を実現している．すなわち，アリールラジカルの付加の後，生成したラジ

カルを塩基による脱プロトン化を経て，ラジカルアニオンへと導かれる．生成したラジカルアニオンから一電子移動によりヨードアニソールをラジカルアニオンとし，生成物と同時に再びアリールラジカルの生成を果たしている．また，図(c)に示したが，関連する反応として，芳香族ヨージドの t-BuO アニオンによるアルコキシカルボニル化が触媒量の 1,10-フェナントロリンの存在下に進行することが Lei らにより見出されている．この場合にはアリールラジカルが一酸化炭素に付加し，アシルラジカルを与えたのち，t-BuO アニオンのカルボニル攻撃を経て生成するラジカルアニオンが芳香族ヨージドに 1 電子を渡し連鎖反応が進行する．

　Studer らは，Togni 試薬 II とイソニトリルの反応によるカスケード型環化反応を開

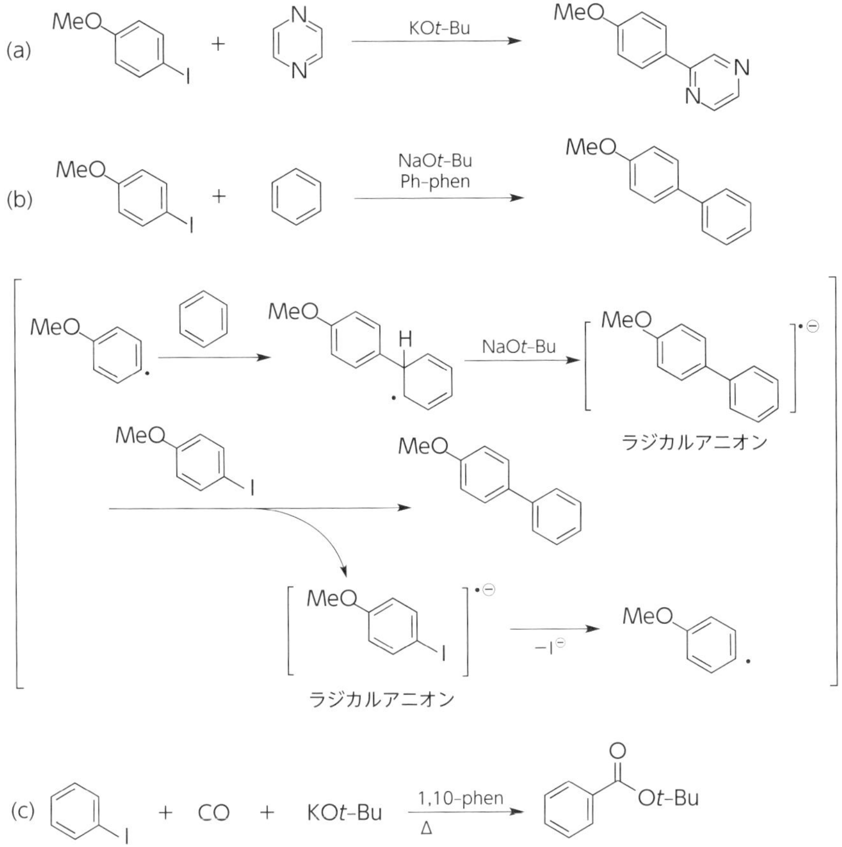

図 5・17　BHAS 反応と電子移動型ラジカル連鎖反応の反応機構

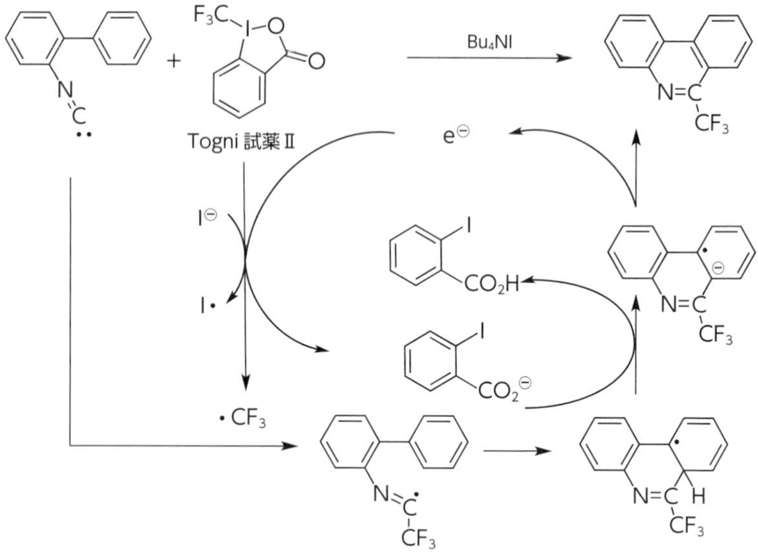

図 5·18 Togni 試薬を用いるカスケード型トリフルオロメチル化反応

発している．その例を図 5·18 に示す．この反応では触媒量のテトラブチルアンモニウムヨージドが用いられるが，開始剤として Togni 試薬 II に 1 電子を渡す役割を担っている．また，反応は BHAS 機構により，脱プロトン化によるラジカルアニオンの生成と一電子移動により，連鎖的に進行する．

一電子酸化によるラジカル反応

一電子酸化系の反応では基質から 1 電子が除去されるため，ラジカルカチオンが生成し，多くの場合，水素イオンの脱離を伴って炭素ラジカルが生成する過程が含まれている．ラジカル反応の後，生成したラジカルは最終的には一電子酸化されて炭素カチオンとなり，生成物に至る．このようなはたらきをする一電子酸化剤としては 2 価の銅塩，3 価の鉄塩，3 価のマンガン塩，4 価の鉛塩やセリウム塩などがよく知られている．例として図 5·19 に示したアセチルアセトンと 3 価の酢酸マンガンとの反応を考えてみよう．エノール体に対して 3 価のマンガンは 1 電子を奪い，ラジカルカチオンを発生させるとともに自らは 2 価のマンガンとなる．その後，ラジカルカチオン

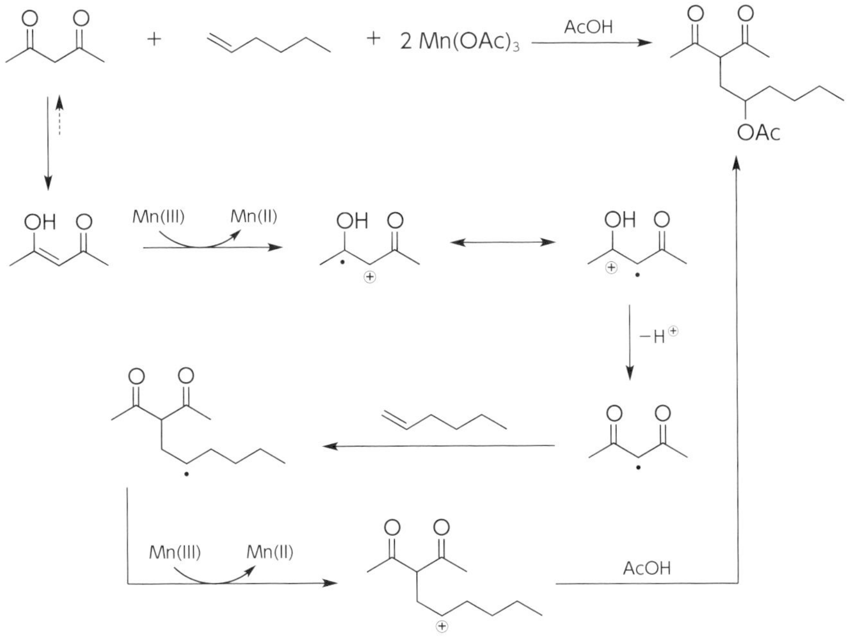

図 5·19 3価の酢酸マンガンによるラジカル付加反応

は脱プロトン化を起こし，アセチルアセトンの3位の炭素にラジカルが発生する．カ
ルボニル基の α 位のカチオンはきわめて不安定なためこのラジカルは次の一電子酸化
を受けることはないが，求電子的な性質をもつため系中に 1-ヘキセンが存在すれば
これに付加を起こす．生成した第二級ラジカルは一電子酸化を受けてカチオンとな
り，アセトキシアニオンで捕捉される．

　3価のマンガン錯体でもピコリン酸マンガン(III)を用いると，還元型試薬であるト
リブチルスズヒドリドが酸化されることなく，反応に関与させることができる．奈良
坂，岩澤らによる図 5·20 の例ではアルコールの一電子酸化と脱プロトン化を経てシ
クロプロポキシラジカルが生成し，ついで β 開裂と 5-*exo* 環化が起こり，最後にスズ
ヒドリドから水素が引き抜かれ，生成物に至る．

　シクロブタノールの酸化を一電子酸化剤で行うとシクロブトキシラジカルが発生す
る．つづいて β 開裂が起こり 4-オキソブチルラジカルが発生する．図 5·21(a)には一
電子酸化剤として知られる CAN(ceric ammonium nitrate：Ce(NH₄)₂(NO₃)₆)による
酸化的開裂反応の例を示す．この場合，β 開裂により生成した炭素ラジカルは二量化

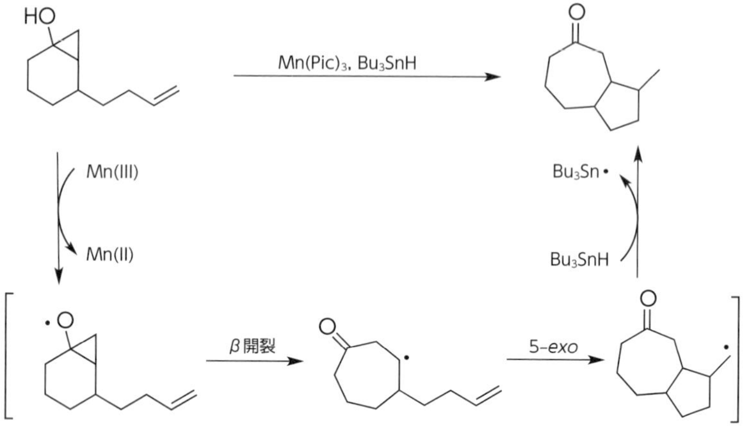

図5·20　トリブチルスズヒドリド共存系でのピコリン酸マンガン(Ⅲ)による連続ラジカル反応

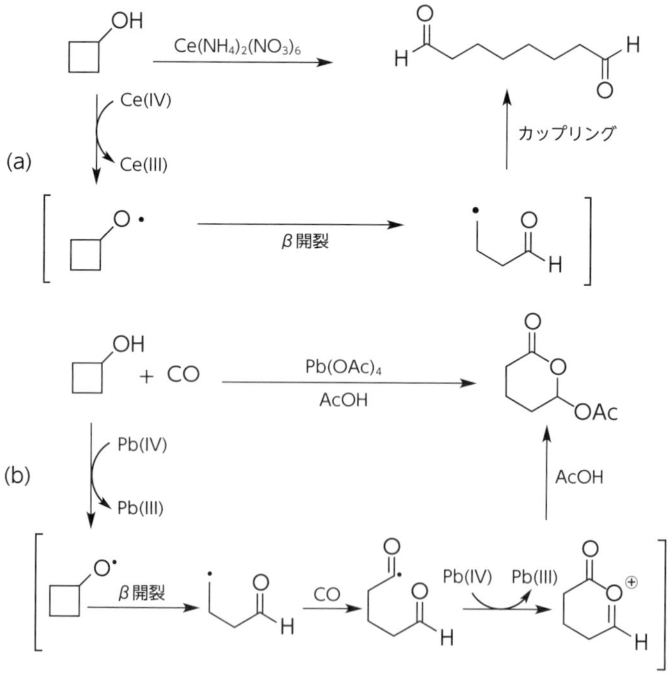

図5·21　シクロブタノールの酸化的ラジカル開環反応

し1,8-ジアルデヒドを与える．一方，図(b)に示したように，四酢酸鉛による一電子酸化においても同様な開環が進行し，ホルミル基を有するラジカルが生成する．一酸化炭素共存下では一酸化炭素の捕捉が起こり，アシルラジカルが生成し，つづく一電子酸化によりアシルカチオンに変換され，最終的に六員環ラクトンが得られる．

1970年代にミラノのMinisci（ミニッシ）らによって報告された含窒素芳香環へのラジカル的なアルキル化反応はMinisci反応とよばれ，合成的な有用性と反応機構への興味から今日に至るも，継続して合成化学者の興味を集めている．図5・22の反応例では硫酸酸性条件で，ペルオキソ二硫酸アンモニウム存在下に，硝酸銀を触媒量用いて実施する．すなわち，系中で発生した2価の銀イオンによる酸化的脱炭酸反応により，カルボン酸からアルキルラジカルを発生させる．ついでキノリンの窒素上をプロトン化した芳香環にアルキルラジカルが付加を起こす．生成したラジカルカチオンを一電子酸化し脱プロトン化とともに芳香族性を取り戻す．演習5 B.には関連する最近のBaranらによる反応例を取り上げた．芳香族カルボン酸からアリールラジカルを発生させることが困難であったのが，アリールボロン酸の使用でうまくクリアしている．

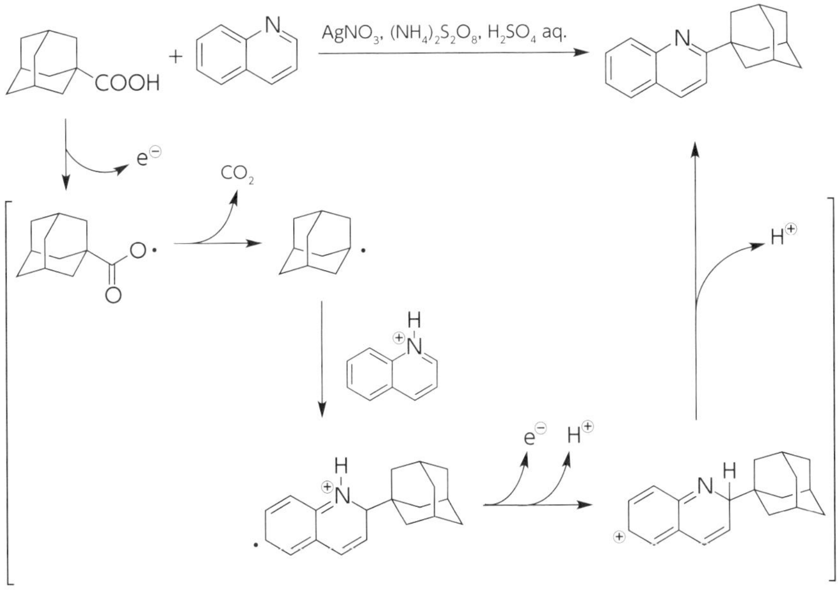

図5・22 Minisci反応の例

　また，Li らは Ag 塩と求電子的なフッ素化剤(Selectfluor$^{®}$)を用いた脱炭酸フッ素化反応を達成している．Ag(I)が Selectfluor$^{®}$によって酸化され，生じた Ag(III)種によるカルボン酸の一電子酸化，つづく脱炭酸反応によりアルキルラジカルが生成し，フッ素原子を引き抜くことでアルキルフッ素化物が得られる(図 5·23)．このフッ素化の手法は，ポリアクリル酸の部分フッ素化にも利用できる．

　電気エネルギーそのものを酸化剤，還元剤として用いる有機電解合成は，環境調和型手法として注目されている．有機電解に用いる反応槽は，一室型セル(undivided cell)および二室型セル(divided cell)に分類される(図 5·24(a))．一室型セルでは，フラスコに二つの電極を差し込み，電極間に電圧をかけることで反応を行う．電極反応では陽極，陰極の両極で反応が起こるため，一室型セルを用いた場合，対極での反応によって作用極で起こる目的の反応が影響を受ける場合が少なくない．この場合，二

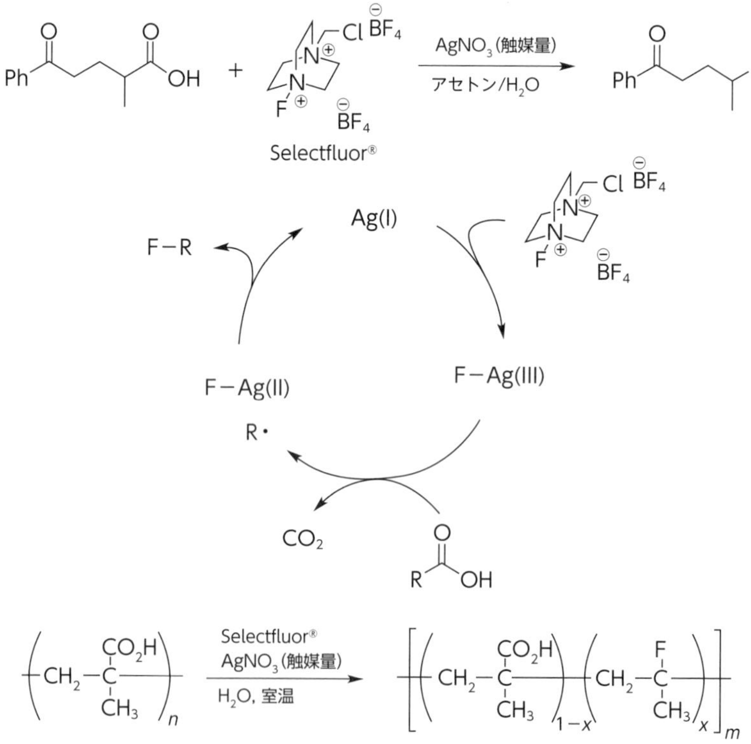

図 5·23　カルボキシレートの一電子酸化につづく脱炭酸を鍵とするフッ素化反応

(a)

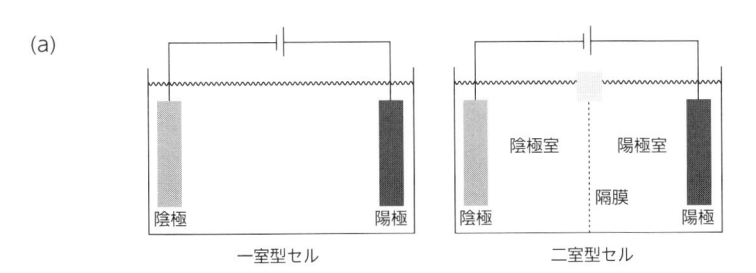

(b)

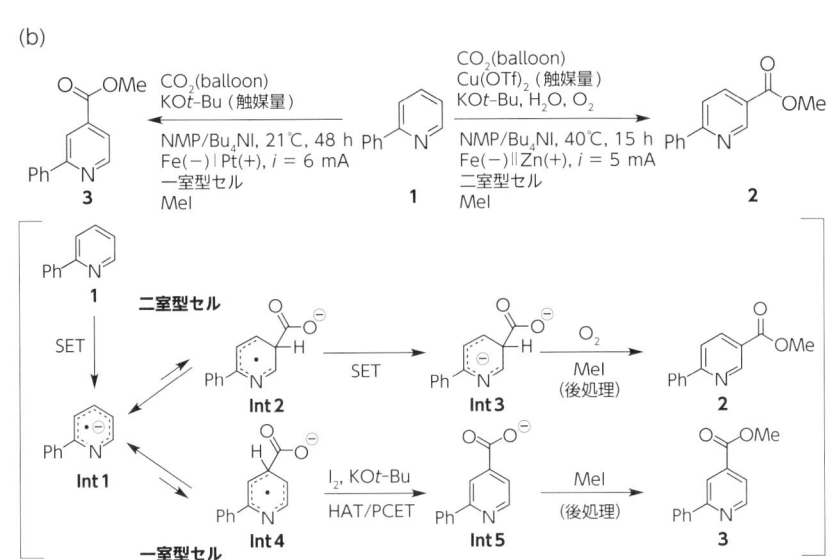

(c)

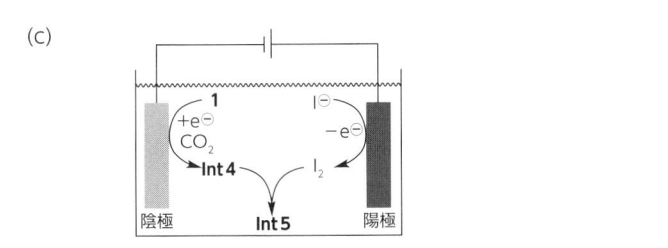

図 5・24 一室型セルおよび二室型セルの使い分けによる位置選択的カルボキシル化反応

室型セルを用いる．二室型セルでは陰極室と陽極室がイオン交換膜やガラスフィル
ターなどの多孔質材料の隔膜で仕切られている．Lin らは一室型セルおよび二室型セ
ルの使い分けによる 2-フェニルピリジンの位置選択的カルボキシル化反応を報告し
ている(図 5·24(b))．陰極において基質が一電子還元を受け生成したラジカルアニオ
ン種が生成する．ラジカルアニオンの C5 位で二酸化炭素に付加すれば Int 2 が生成
し，C4 位で付加すれば Int 4 が生成する．一室型セルでは，陽極で生成した I_2 が酸
化剤としてはたらく．すなわち，I_2 により，水素引抜き反応(HAT)が進行するか，
塩基による脱プロトン化を伴いながら，I_2 に対する電子とプロトン移動(PCET：
proton coupled electron transfer)により Int 5 となる(図 5·24(c))．Int 4 の HAT の活
性化エネルギーが Int 2 のものと比べ小さいので，一室型セルでは C4 選択的カルボ
キシル化反応が進行する．一方，二室型セルでは，Int 2 の一電子還元につづく空気
中の酸素による酸化反応により，C5 選択的カルボキシル化反応が進行する．

コラム6 │ サイクリックボルタンメトリー

　サイクリックボルタンメトリー(CV：cyclic voltammetry)は，基質の標準還元電位を測定する一般的な手段であり，酸化還元電位の測定に用いられる．参照電極として，飽和カロメル電極(SCE：saturated calomel electrode)もしくは銀/銀イオン電極(Ag/Ag^+)などが用いられる．電位が走査されている間，分析対象溶液は攪拌されていないので，電極表面の分子のみが電子移動(ET)を受ける．

　もし酸化還元が可逆的であれば，基質の酸化型と還元型が電極表面での平衡状態にあり，供給電流はこれら2種間のETに直接関係する．簡便ではあるが，信頼性の高い$E_{1/2}^0$の計算方法として，順方向と逆方向のピーク電位を平均化する方法がある(図(a))．

　しかし有機物はしばしば図(b)のような不可逆的なボルタモグラムを示すことがある．これは一電子還元もしくは一電子酸化により生成した化学種がすぐさま脱プロトン化やハロゲン化物イオンの脱離などの反応で変化してしまうことが原因である．そのため，電極表面では酸化型と還元型が平衡状態にはないため，観測される電流は電子移動速度に関係する．そのため，$E_{1/2}^0$の算出には電子移動速度定数が必要となり計算が複雑になる．そこで，化合物の$E_{1/2}^0$を簡便に推定する方法として，CVの最大電流の半分の電位($E_{p/2}$)を利用する方法がしばしばとられる．なお，$E_{p/2}$は真の$E_{1/2}^0$の値を反映したものではないため，この値から算出されるΔGの取扱いには注意が必要である．

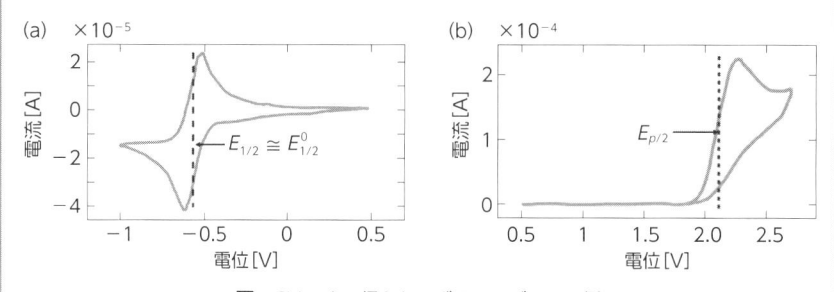

図　CVにより得られるボルタモグラムの例
(a)酸化還元が可逆的な場合，(b)酸化還元が不可逆的な場合．

演習で理解しよう　ラジカル反応のメカニズム：5

A. 次の各反応には一電子酸化あるいは一電子還元によるラジカルの生成過程が含まれている．その反応機構を考察せよ．

(1)

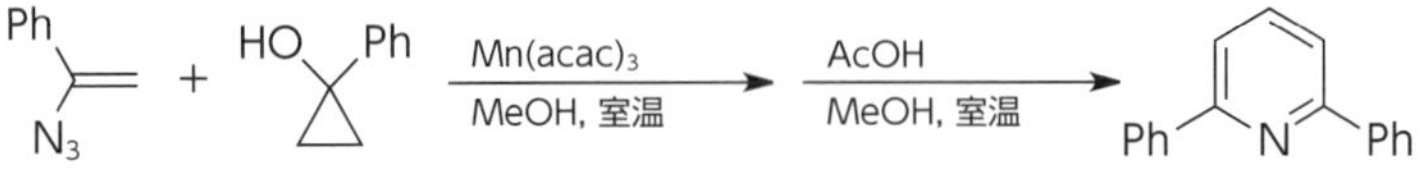

(2)

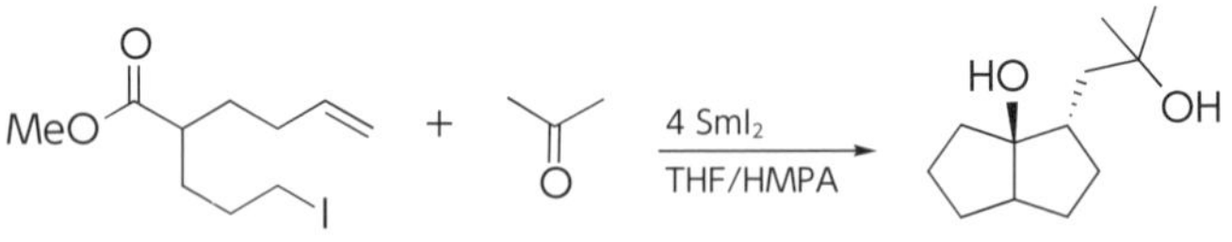

(3)

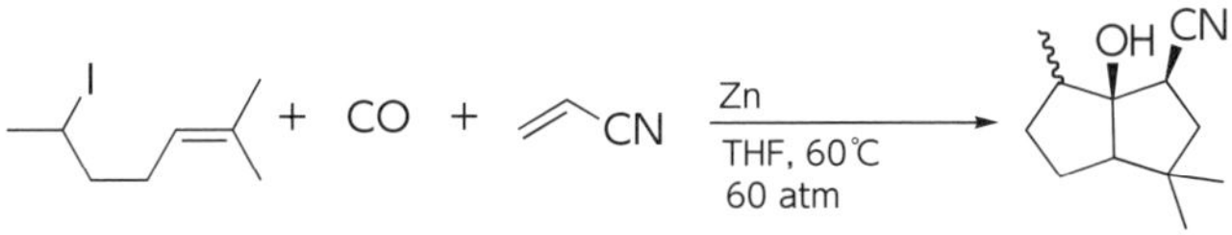

(*exo/endo* = 60/40)

(4)

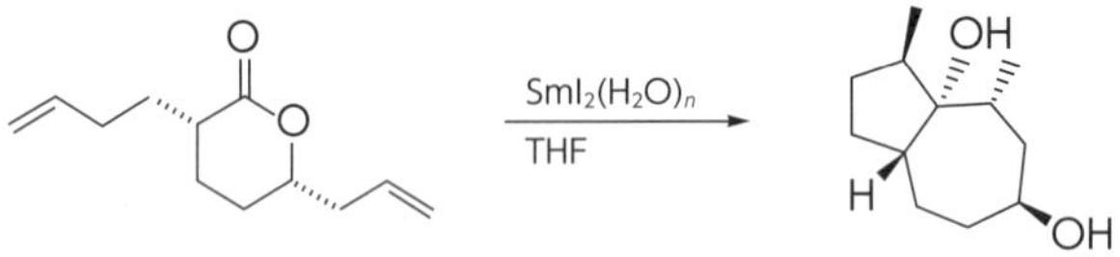

B. 次の反応はアリールボロン酸をアリールラジカル源とする Minisci 型反応である．その反応機構を考察せよ．

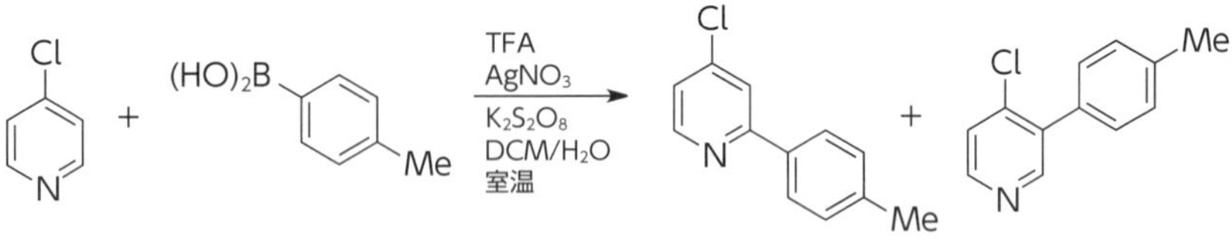

3.2　　：　　1

C. 枠内に示した転位反応を参考に，酢酸マンガン(Ⅲ)を用いて進行した環拡大反応の機構を考察せよ.

D. 以下のフルオレノンの合成は触媒量のフェロセン存在下，過剰量の TBHP で進行する．BHAS による反応機構を考察せよ.

6

連続型ラジカル反応の考え方

ラジカル反応の有機合成における魅力は何であろうか．一つは，禁水条件を必要としないところであろう．通常の炭素ラジカル種が水から水素を引き抜くことはない．もう一つは，さまざまな官能基を保持しながら，反応が実施できる点にあろう．もちろんエントロピー的に有利となるような分子内の特定の位置に二重結合があれば間違いなく環化を起こすのだが，離れた位置の二重結合への環化を気にする必要はない．有機ハロゲン化物ではヨウ素化合物と臭素化合物は反応性が高いが，塩素化合物は低く，フッ素化合物はまず反応しない．電子移動系の反応の場合，ヨウ素化合物の反応性が高く，臭素との反応性の差は拡大する．言い換えれば，臭素を保有しているヨウ素化合物でもヨウ素のついている炭素上で選択的な反応を行える可能性がある．一方で，カチオン種やアニオン種などとの大きな違いは，通常のラジカル種は温度制御によってもプールしておけないことである．たとえば有機リチウム種のようなアニオン種は電気的な反発により二量化を起こさないし，いわば，低温にすることで反応のスタンバイをさせられるのだが，拡散律速に近い反応速度で二量化してしまうラジカル種はそうはいかない．したがってラジカル種による反応制御には，試薬との反応が自らの二量化よりもより速い状況を，濃度制御により実現する必要がある．濃度が明らかにされていないラジカル反応の実験項を時にみることがあるが，その再現はきわめて難しいのである(いや，時間がかかるというべきか)．ラジカル反応の主たる制御ファクターは反応速度であることから，速度定数が既知となれば，ラジカル反応の理解は進むし，連続反応の設計も容易となる．しかし，これも速度定数が未知であることが研究の障害となるわけではなく，多くの反応は合成化学者の現場で見つけられ，後にラジカル反応の反応速度を研究する物理化学者が速度論的研究を行うという流れを経験することとなる．もちろんこれも彼らが興味をもつ対象に対してであり，彼らの興味は合成反応から生体反応へと移行しているのが，最近の傾向である．

連続ラジカル反応の考え方

　ラジカルがアルケンに付加すると，新たなラジカルが生じる．これは出発ラジカル
が生成物ラジカルになる過程であるが，生じた生成物ラジカルは再び出発ラジカルと
して機能し得るところが連続的ラジカル反応を可能とする素地といえる．もちろんア
ルケンへの付加を繰り返せば最終的にはラジカル重合になるが，付加反応を高度に制
御した形で多成分連結反応を達成する手だてがある．それらは，速度論データ，ラジ
カル極性効果，反応を効率的な連鎖へ導くラジカルメディエーター，あるいは化学量
論量の反応における一電子還元や一電子酸化による反応の終結過程の利用など多様で
ある．ラジカルメディエーターについて述べるなら，1980 年代以降，トリブチルス
ズヒドリドが活用されてきたが，これは手軽に合成できるハロアルカンからスズラジ
カルがハロゲンを引き抜き，炭素ラジカル種を簡単に発生できること，結合生成反応
の後には水素化で生成物を得るとともに，このステップにおいてラジカル種をスズラ
ジカル種へと置き換えることができ，連鎖プロセスの構築を容易とすることなど，そ
の際立った特徴にほかならない．しかし，より水素化の遅い試薬を用いれば分子間で
の結合形成反応を有利にさせることができるし，アリルスズのようなアルケンとスズ
ラジカルの発生源を兼ねるような試薬も多成分連結反応に有効である．環境面での憂
慮から脱スズ型のラジカル反応の開発が盛んに行われるようになったが，現在では可
視光照射とともにラジカル反応を実施できる光レドックス触媒による反応系の開発が
急速に進展している．

　連続的ラジカル反応は，合成素子として構成成分をとらえると，初期の連続型反応
はアルケンやアルキンといった C2 ラジカル素子が連続する反応系が主であった．一
方，1990 年に C1 ラジカル素子が再登場した．それは一酸化炭素である．一酸化炭素
のラジカル反応への活用は 1950 年代にエチレンと共重合によるポリケトン合成で一
時，注目を集めたが，その後の非効率な研究例の提示に潜在力は正しく評価がなされ
ていなかった．1990 年における「使える」ラジカル C1 合成素子としての一酸化炭素
の再登場は連続型ラジカル反応のレベルを一段上げることとなった．イソニトリルや
スルホニルオキシムエーテルやホルムアルデヒドも「使える」ラジカル C1 合成素子
である．表 6·1 に多成分連結型ラジカル反応の概念をまとめる．アルケンやアルキン
といった C2 合成素子と一酸化炭素やイソニトリルといった C1 合成素子を組み合わ
せることで，多彩な結合形成過程が可能となる．本章ではさまざまなラジカル種が関

表6·1　多成分連結型ラジカル反応と C1 および C2 合成素子

$R\bullet \xrightarrow{\text{"C2"}} R'\bullet \xrightarrow{\text{"C2"}} R''\bullet \xrightarrow{\text{"C2"}} R'''\bullet \longrightarrow \longrightarrow$

$R\bullet \xrightarrow{\text{"C2"}} R'\bullet \xrightarrow{\text{"C1"}} R''\bullet \xrightarrow{\text{"C2"}} R'''\bullet \longrightarrow$

$R\bullet \xrightarrow{\text{"C1"}} R'\bullet \xrightarrow{\text{"C2"}} R''\bullet \xrightarrow{\text{"C1"}} R'''\bullet \longrightarrow$

$R\bullet \xrightarrow{\text{"C1"}} R'\bullet \xrightarrow{\text{"C1"}} R''\bullet \xrightarrow{\text{"C2"}} R'''\bullet \longrightarrow$

ラジカルC2 合成素子：アルケン, アルキン, など
ラジカルC1 合成素子 :

一酸化炭素	イソニトリル (イソシアニド)	スルホニルオキシム エーテル	ホルムアルデヒド

与する多成分連結反応の考え方を, 多彩な例とともに取り上げる.

　多成分連結反応のデザインにおいては, まず個々のラジカル種の特性を今一度, 整理し, 把握しておく必要がある. 一般的に, アルキルラジカル, アリールラジカル, アリルラジカル, ビニルラジカル, アシルラジカルなどは求核性をもつラジカル種である. よってアルケンへの付加においては電子欠損型のアルケンへの付加が圧倒的に速い. たとえば, 第三級ブチルラジカルとピバロイルラジカルのアクリロニトリルへの 300 K における付加速度はそれぞれ $2.4 \times 10^6 \, \mathrm{M^{-1} s^{-1}}$ と $5 \times 10^5 \, \mathrm{M^{-1} s^{-1}}$ である. これらの値は対応する 1-ヘキセンのような末端アルケンへの付加に比べて 100 倍から 1000 倍近く速い. しかしながら, 付加後に生じるラジカルはシアノ基の α 位のラジカルであり, シアノ基の電子求引性効果により, 求電子性を示す. よってアルケンを受容体とする多成分連結反応の設計においては, 電子過剰なアルケンを共存させる方針がとられる. 表6·2 は第一級アルキルラジカルのアルケンへの付加速度定数と一酸化炭素への付加速度定数の比較である. この結果から, 一酸化炭素への付加は十分に速いことが認識できる.

表6·2　第一級アルキルラジカルのアルケンと一酸化炭素への付加速度の比較

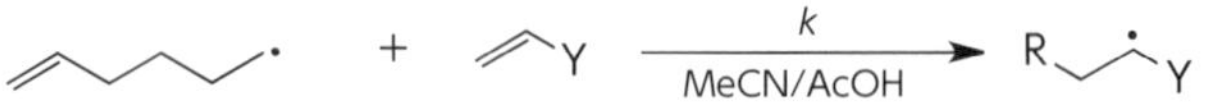

	温度 [℃]	k [M^{-1}s^{-1}]
Ph [a]	69	1.5×10^5
CN [a]	69	1.1×10^6
CO [b]	80	6.0×10^5

a)　A. Citterio (1979)　　b)　I. Ryu (1996)

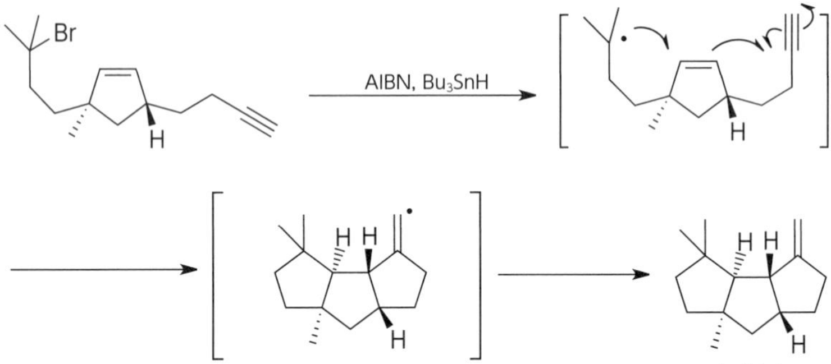

図6·1　タンデム型ラジカル環化反応によるカプネレンの一段合成

　Pittsburgh 大学の Curran らは連続型の 5-*exo* ラジカル環化反応を天然物合成に応用した（図6·1）．この反応においてトリブチルスズラジカルは臭素を引き抜き，第三級の炭素ラジカルを与える．この炭素ラジカルは紙面の上から攻撃し第二級ラジカルを与える．ついで環ひずみが少ない *cis* 形を与える 5-*exo* 環化が進行する．最終的に生成したビニルラジカルはスズヒドリドから水素を引き抜き三環性の生成物であるカプネレン（capnellene）を与える．このような連続型ラジカル環化反応を一般にタンデム型ラジカル反応とよぶ．またカスケード型やドミノ型ラジカル環化反応とよぶこともある．

　多成分連結反応（multicomponent reactions）は，最近その略記には MCRs が用いられている．ラジカル反応においては，分子内反応と分子間反応を巧みに組み合わせたカスケード型反応が多数報告されているが，仮に一成分や二成分反応であっても，形

成される新しい結合が多数である場合には，カスケード型あるいはドミノ型あるいは
タンデム型合成反応と呼称されている．図 6·2 には Paris VI 大学の Malacria らによ
るラジカルカスケード反応の例を示した．さらに図 6·3 に示した Curran らによる反
応では制がん作用を有するカンプトテシン(camptothecin)の合成にイソニトリルを用
いた例を示した．また図 6·4 には Murphy らによるアスピドスペルミジン
(aspidospermidine)の鍵構造を合成している例を示した．これらはいずれも二成分系
あるいは一成分系の反応ではあるが，結合生成のステップは多段階におよび，カス
ケード型ラジカル反応のモデルとして優れた例であり，反応機構を自ら考えてみてほ
しい．Malacria らによる図 6·2 の反応では，① S_H2 反応(トリブチルスズラジカルに
よる臭素引抜き反応)，② 5-*exo* 環化，③ 5-*exo* 環化，④ アルケンへの付加反応，

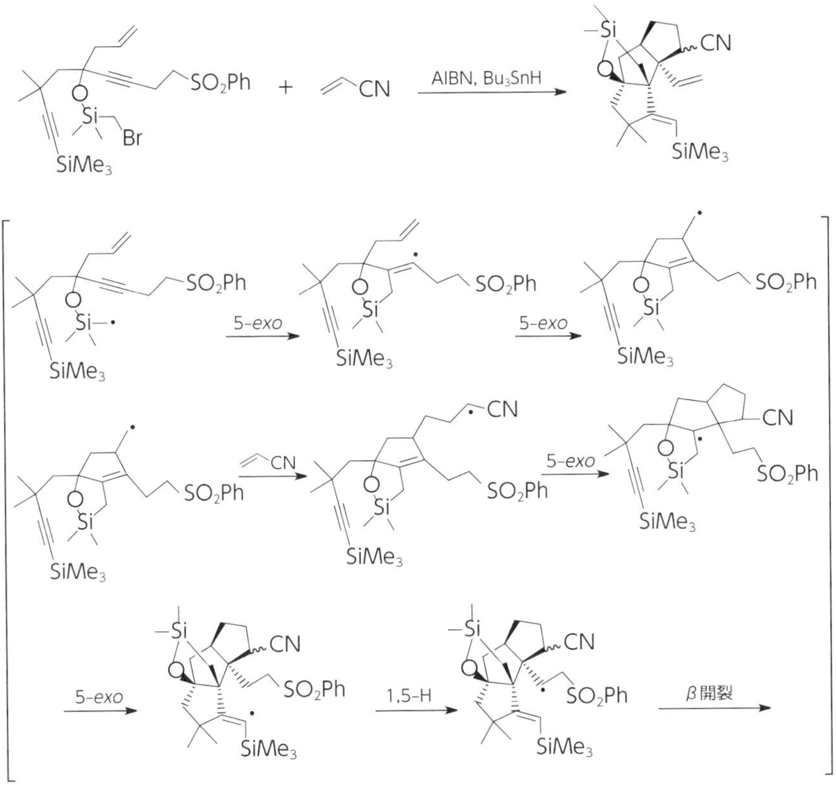

図 6·2 Malacria によるラジカルカスケード反応

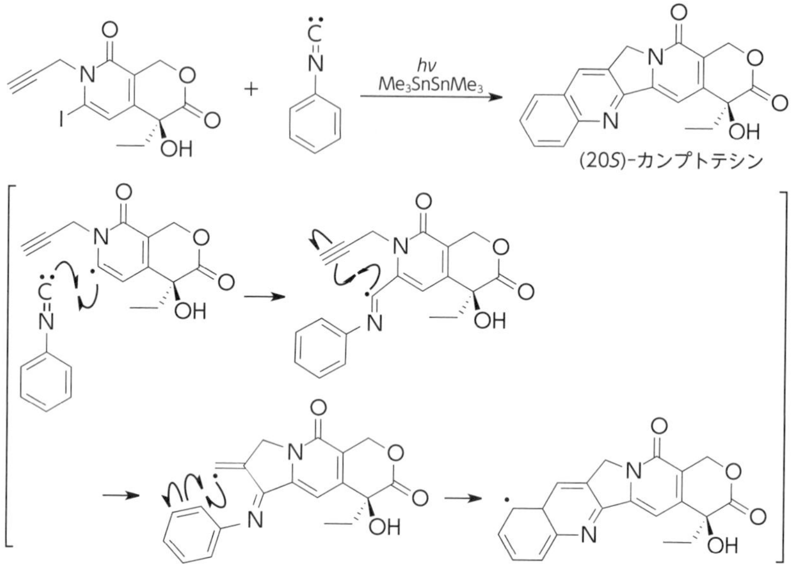

図6・3　Curran によるカンプトテシンの合成

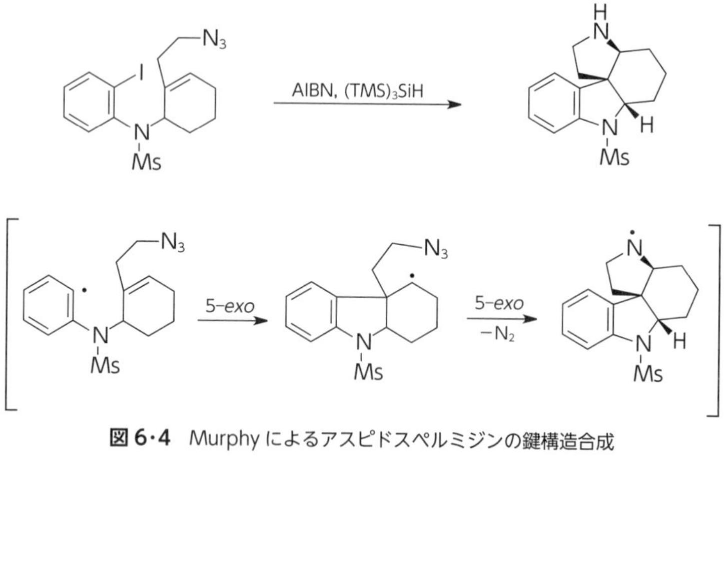

図6・4　Murphy によるアスピドスペルミジンの鍵構造合成

⑤ 5-*exo* 環化，⑥ 5-*exo* 環化，⑦ 1,5-水素移動，⑧ β 開裂，が連続的に起こった結果である．

Curran らによる図 6·3 の環化反応例においては，ヘキサメチルジチンは光照射下でホモリシスを受けてトリメチルスズラジカルを発生させる．よって反応はヘキサメチルスズラジカルによるヨウ素原子の引抜きから始まる．炭素ラジカルは 4-*exo* 環化の機会があるが，これは非効率であり，イソニトリルに付加を起こす．生成したイミドイルラジカルはアセチレン部位に 5-*exo* 環化を起こす．つづいて生成したビニルラジカルがイソニトリルの芳香環に攻撃し，六員環を形成した後，水素の引抜きによって，目的物であるカンプトテシンに至る．

Murphy らはアスピドスペルミジンの鍵構造の合成にアジドへの連続的なラジカル環化反応を適用している．図 6·4 の例においては，アリールラジカルの 5-*exo* 環化につづく，2 番目の環化はアジドへの 5-*exo* 環化である．環化後に分子状窒素が脱離しアミニルラジカルが生成し，TTMSS（$(Me_3Si)_3SiH$）から水素を引き抜き，反応が連鎖的に進行する．

6-*endo* 環化反応の合成化学的利点として縮環構造を構築できることが挙げられる．Pattenden らはアシルラジカルの 6-*endo* 環化から始まる 3 連続 6-*endo* 環化によりスポンギアン-16-オン（spongian-16-one）の鍵中間体の一段合成に成功している（図6·5）．

一方，図 6·6 は，環構築と二分子の一酸化炭素の導入が組み合わさったカスケード型手法である．スズラジカルによる臭素原子の引抜き後，生成するラジカルから5-*exo*，5-*exo* と連続型のラジカル環化反応が起こり，その結果としてビニルラジカルが生じる．このビニルラジカルは非効率な 4-*exo* 環化の機会をパスして，一酸化炭素に付加し，アシルラジカルとなる．ついで 5-*exo* 環化を起こし，いったん四環性のラジカル種を与える．その後，β 開裂が起こり，三環性の化合物が得られる．この β 開裂は二つのメトキシカルボニル基による生成ラジカルの安定化の要因が大きい．実際，メトキシカルボニル基を一つにすると四環性の化合物が得られる．

α,β-不飽和のアシルラジカルは α-ケテニルラジカルを経て立体化学を反転させることができる．Pattenden らによる図 6·7 の反応は，α-ケテニルラジカルが 5-*exo*環化を起こし，ついで生成したラジカルがケテンへ 2 番目の 5-*exo* 環化を起こした例である．

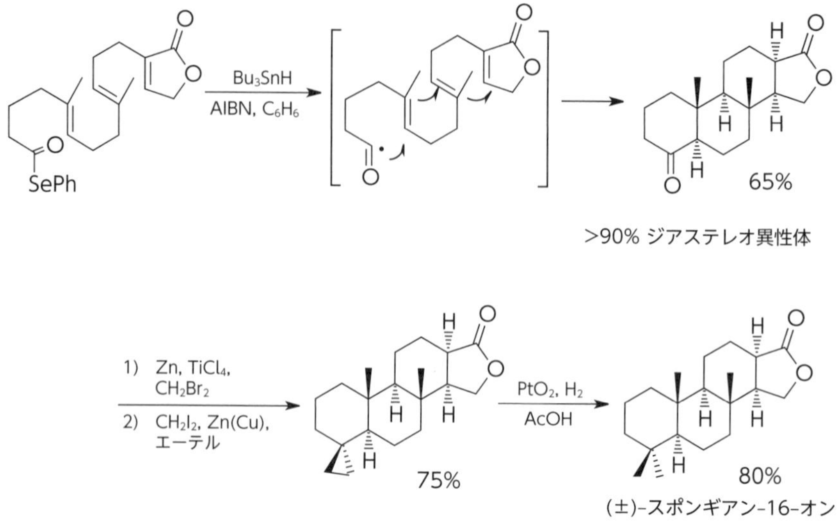
SePh
Bu$_3$SnH
AIBN, C$_6$H$_6$
65%
>90% ジアステレオ異性体
1) Zn, TiCl$_4$, CH$_2$Br$_2$
2) CH$_2$I$_2$, Zn(Cu), エーテル
75%
PtO$_2$, H$_2$
AcOH
80%
(±)-スポンギアン-16-オン

図 6·5　Pattenden によるスポンギアン-16-オンの鍵構造合成

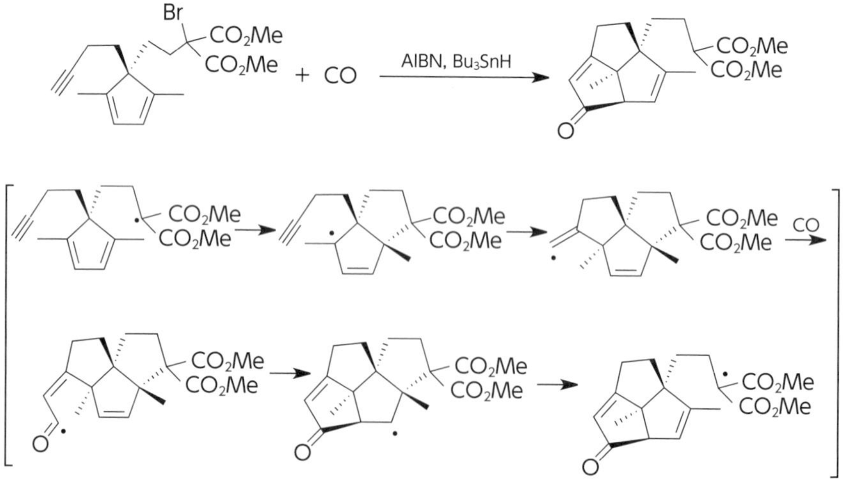
Br
CO$_2$Me
CO$_2$Me
+ CO
AIBN, Bu$_3$SnH
CO

図 6·6　一酸化炭素の取込みを伴ったタンデム型ラジカル環化反応

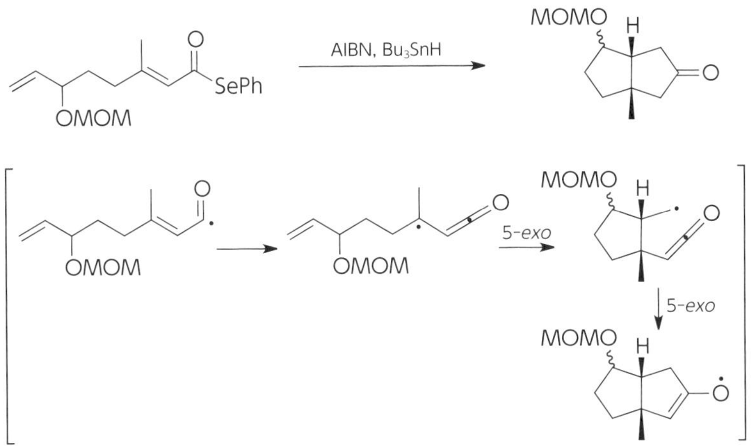

図 6·7 α-ケテニルラジカルを経るタンデム型ラジカル環化反応

ラジカルメディエーターとしてはたらく UMCT 試薬を用いる反応

ここで UMCT（unimolecular chain transfar）試薬について少し議論してみたい．すでに臭化アリルの反応例を図 3·10 に示したが，臭化アリルはラジカル捕捉のオレフィンとして機能するとともに，β 開裂により臭素ラジカルの発生源としても機能する．すなわち臭素ラジカルは水素引抜きや不飽和結合への付加により，ラジカル反応を伝搬させる．このように単分子でラジカル付加反応の受容体でありつつ，連鎖反応の伝搬も受け継ぐ機能を有する試薬を UMCT 試薬と定義する．

たとえばアリルトリブチルスズの場合には，オレフィン部位に付加して生成する炭素ラジカルは β 開裂によりスズラジカルの発生源としても機能する．そのスズラジカルはハロゲン引抜き能力が高く，有機ハロゲン化物からラジカルを発生できることから，連鎖反応がデザインできる．図 6·8 に水野，大辻により開発された三成分連結反応を示す．開始過程により発生した炭素ラジカルは，求核的性質を有するため電子不足オレフィンに優先的に付加を起こす．つづいて生成する炭素ラジカルは隣接するシアノ基により電子不足となっており，今度は電子豊富なアリルスズへ付加を起こす．このとき，アリルスズは UMCT 試薬としてはたらき，炭素ラジカルの受容体，そしてスズラジカルの発生源となり，つづくラジカル連鎖過程を伝搬させる．

この反応系に一酸化炭素を共存させるとどうなるだろうか．アルキルラジカルが一酸化炭素に付加を起こし，アシルラジカルとなれば，電子不足オレフィンとアリルス

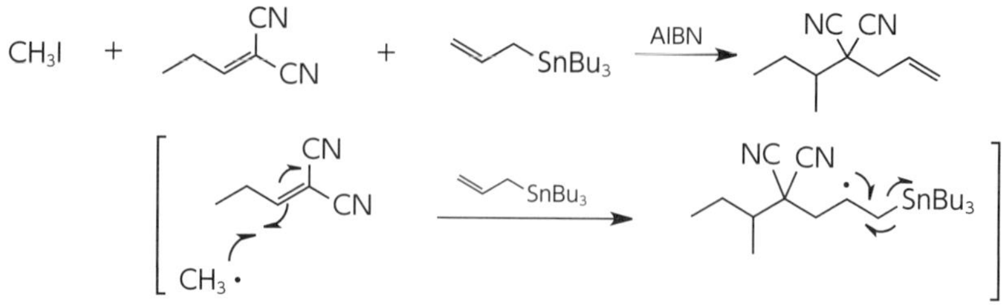

図6·8　アリルスズ試薬を用いる三成分連結反応

ズへの連続付加を起こすことが期待できる．実際，この四成分連結反応は良好に進行し，官能基化されたケトンが合成できる（図6·9(a)）．図(b)においては最初に生成するアシルラジカルが 6-*endo* 環化を起こし，シクロヘキシルラジカルとなりこれよりオレフィンへの連続付加が起こる．この場合，シクロヘキシルラジカルの一酸化炭素への付加が問題とならないのは，第三級ラジカルの CO 捕捉が相対的に非効率であることに由来する．もちろん，きわめて高い加圧条件下での一酸化炭素を用いるなら，二つめの一酸化炭素の捕捉を経て五成分連結反応を進行させることも可能である．

　次に UMCT 試薬としてスズエノラートを取り上げてみよう．スズエノラートは通常ケト型とエノール型の平衡混合物であるが，エノール型は UMCT 試薬として機能する．図6·10 にはそのような反応例を示した．細見，三浦らはスズエノラートをアルキルハロゲン化物と電子不足オレフィンの系に共存させ反応を行うと，三成分連結反応が進行し，官能基を有する非対称ケトンが合成できることを見出した（図6·10(a)）．さらに一酸化炭素を共存させれば三および四成分連結反応が進行する．すなわち，この系では，オクチルラジカルはまず一酸化炭素に付加しアシルラジカルを与える．アシルラジカルはスズエノラートと反応し 1,3–ジケトンを与える（図6·10(b)）．またアシルラジカルは求核的なラジカルであり，電子不足オレフィンの共存系では，優先して付加を起こす．生成したラジカルは求電子的なラジカルであり，スズエノラートに付加をし，つづいてトリブチルスズラジカルが脱離し反応が連鎖的に進行し，1,5–ジケトンが得られる（図6·10(c)）．興味深いのはエノール型の存在比が大きくないスズエノラートでも反応は良好に進行する点である．これは系中でエノール型が消費され，平衡がはたらき，ケト型がエノール型に変換されるためである．こうした例でも明らかなように，一酸化炭素は有用なラジカル C1 合成素子として多成分反応に用いられ，直裁的にカルボニル基として有機分子に導入される．

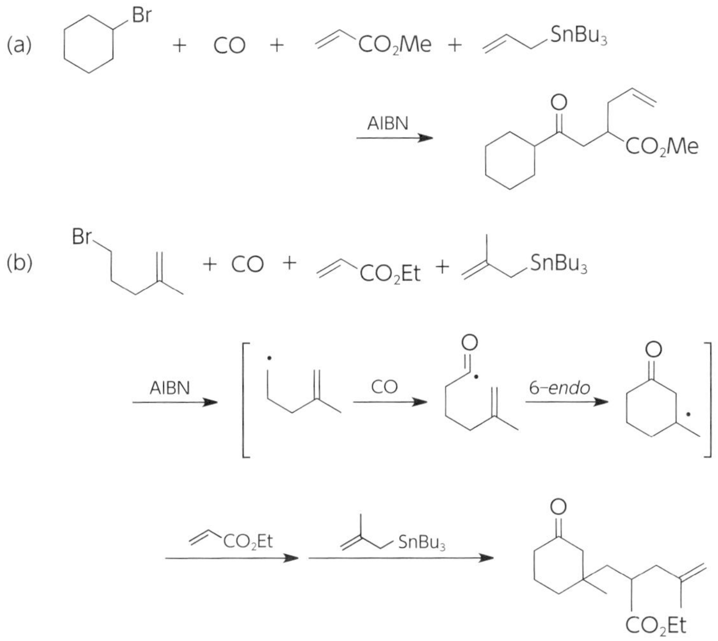

図 6・9 アリルスズを用いる四成分連結反応

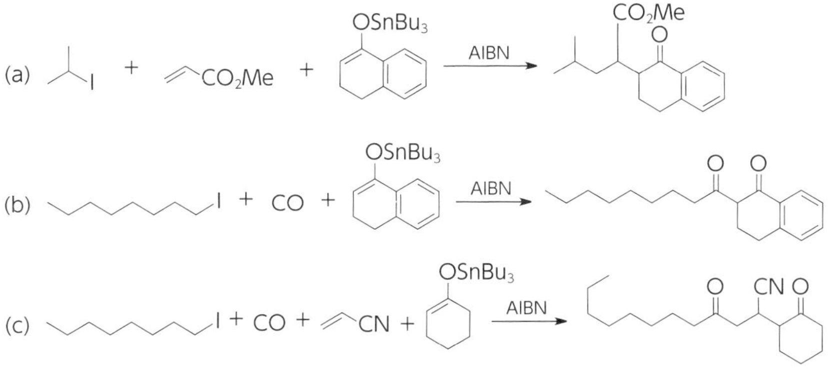

図 6・10 スズエノラートを用いる多成分連結反応

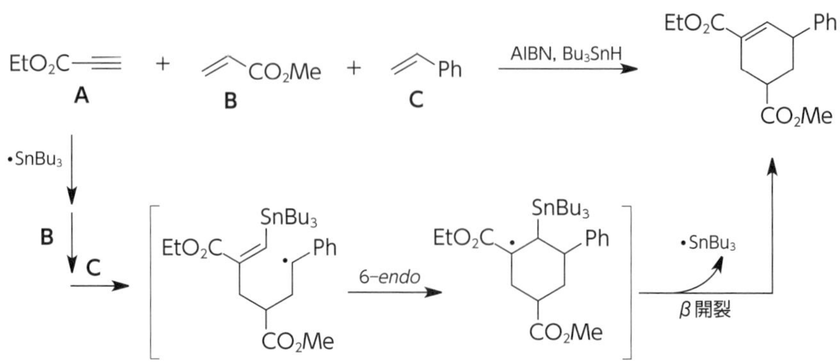

図 6·11　アルキンと 2 種のアルケンからなる三成分連結反応

　スズラジカルはアルケンやアルキンに可逆的に付加を起こす．この性質を利用して，スズラジカルが触媒として機能する多成分反応も報告されている．たとえば，E. Lee らが開発した三成分反応例では，生成物にトリブチルスズ基は組み込まれていない(図 6·11)．スズラジカルはアセチレン **A** に付加し，つづいて生成したビニルラジカルはアクリル酸メチル **B** に付加をし，さらにスチレン **C** への付加が起こる．生成したベンジルラジカルは分子内の *6-endo* 環化を起こし，つづく β 開裂により生成物に至る．このときスズラジカルは再生され，再びアセチレンへの付加を起こし，連鎖過程が持続される．

　図 6·12 の反応例では生成物に 1 分子のヨードアルケンと 2 分子のアクロレインが組み込まれている．反応過程はホモアリルラジカルの発生とつづく分子間でのラジカル付加によるヘキセニル型ラジカルの生成，さらにその *5-exo* 環化と生成したラジカルによる分子間でのラジカル付加が組み合わされている．

　S. Kim によってスルホニルオキシムエーテルが C1 ユニットとして機能することが見出されている．たとえば図 6·13 の例ではビス(スルホニル)オキシムエーテルを用い，段階的に非対称ケトンを合成している．ペンチルラジカルが C=N 二重結合に付加をし，つづく β 開裂でメタンスルホニルラジカルが発生する．メタンスルホニルラジカルはヘキサメチルジチンからトリメチルスズ基を引き抜き，トリメチルスズラジカルが生成し，このスズラジカルはヨードペンタンからヨウ素を引き抜きペンチルラジカルを与える．すなわち，この反応ではヘキサメチルジチンは連鎖反応の伝搬にはたらいている．

　Landais らによる図 6·14 の例は，キサントゲン酸エステルを炭素ラジカル源，ア

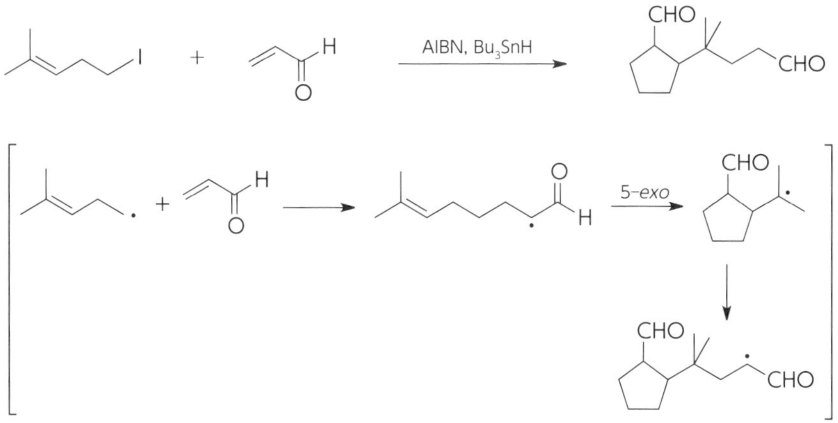

図 6・12 ヨードアルケンと 2 分子のアクロレインとのラジカル連結反応

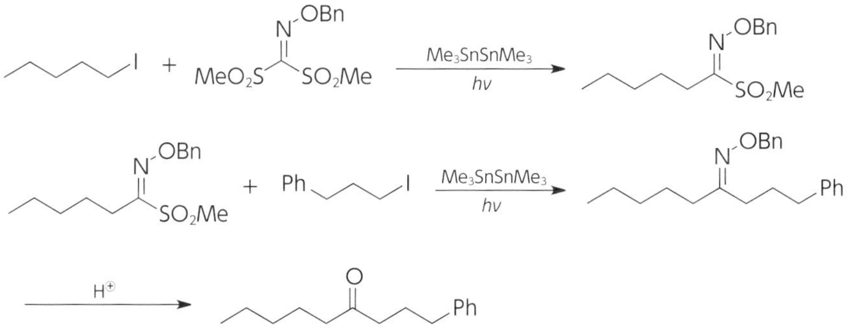

図 6・13 スルホニルオキシムエーテルを C1 ユニットとする非対称ケトンの合成

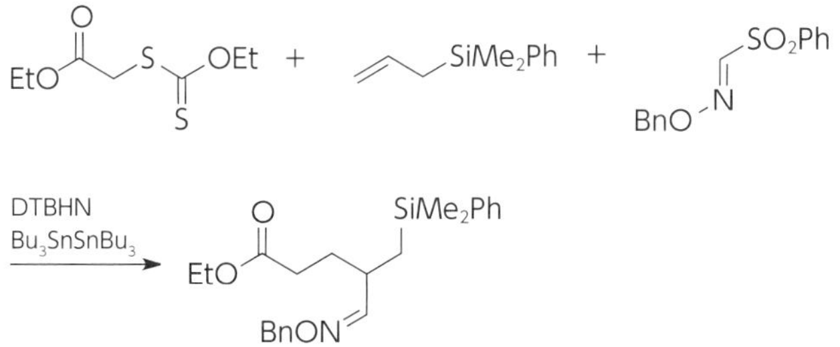

DTBHN = *t*-BuO−N=N−O−Bu-*t*

図 6・14 スルホニルオキシムエーテルを C1 ユニットとする三成分連結反応

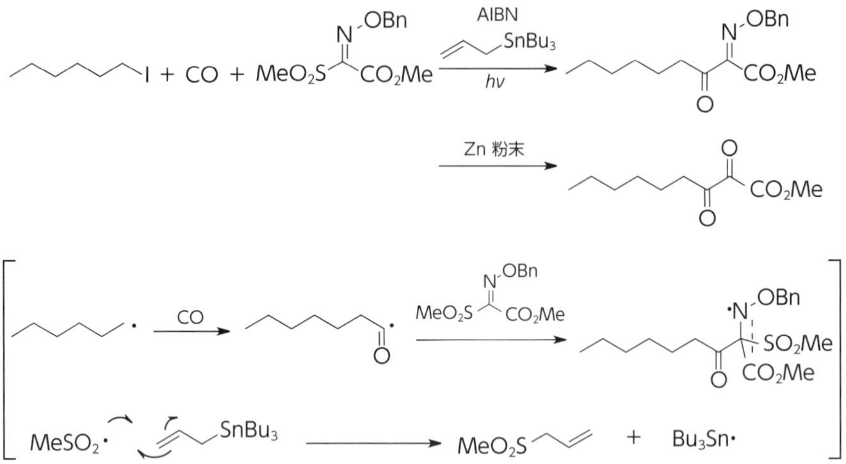

図6·15　スルホニルオキシムエーテルと一酸化炭素を併用する三成分連結反応

リルシランを炭素ラジカルの受容体とし，さらにスルホニルオキシムエーテルをさらなるラジカルの受容体とした三成分連結反応である．

　また図6·15の例は一酸化炭素と組み合わせた三成分連結反応であり，反応後に亜鉛粉末による還元を行うことで，カルボニル基が連続した生成物へ変換できる．この場合，連鎖伝搬試薬として前述の例のようなジチンではなく，アリルスズが用いられている．

　近年，トリブチルスズヒドリドの毒性に対する懸念から，脱スズ型試薬としてボロヒドリド化合物を用いるラジカル反応が注目を集めている．図6·16の例ではNHC-ボランを水素供与型のラジカルメディエーターとして非対称ケトンの合成に用いている．またヒドリド還元試薬として知られるボロヒドリドアニオンを水素供与型のラジカルメディエーターとして同様な非対称ケトンの合成に用いることもできる．

　ホルムアルデヒドのラジカル反応は，シアノボロヒドリドをラジカルメディエーターとして良好に進行する．図6·17の例ではコレステリルブロミドのヒドロキシメチル化反応を示した．興味深いことに炭素ラジカル種がホルムアルデヒドへの付加の後，生成したヒドロキシルラジカルが近傍のメチル基と *cis* の場合には水素化が進行し，*trans* の場合は 5-*exo* 環化が進行した後にもう1分子のホルムアルデヒドに付加した生成物が得られる．

　アルケンとアルキンとヘテロ元素を含む化合物を組み合わせたラジカル種による三

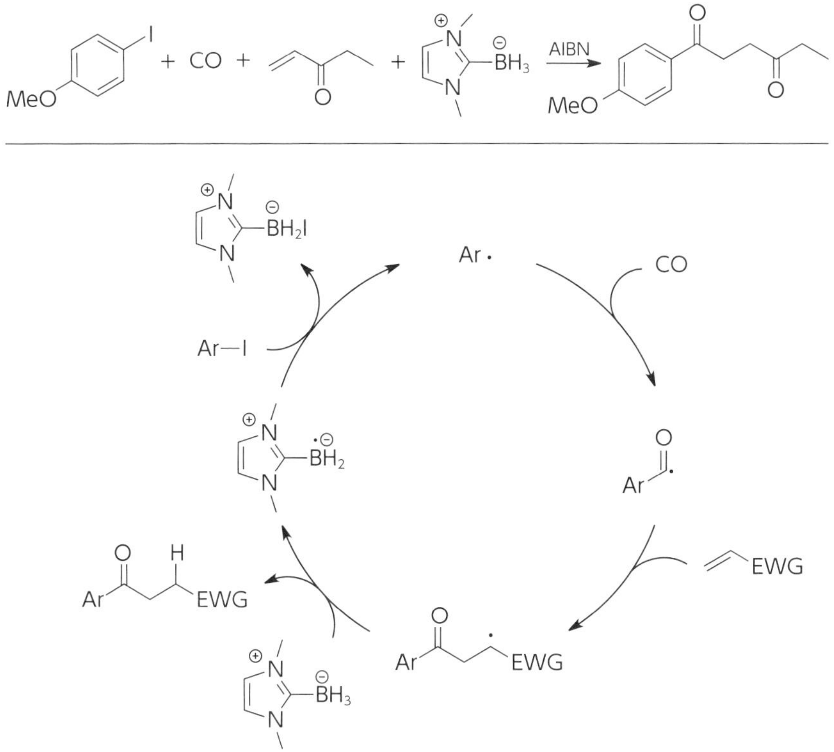

図 6・16 NHC-ボランを用いた三成分連結反応

成分連結反応は多くの例が知られている．図 6・18(a) の反応では光照射下で，Se–Se
結合が容易にホモリシスを起こし，不飽和結合に可逆的に付加をする性質を利用した
反応である．セレノラジカルがプロピオール酸エチルに付加をする．この付加により
生成したラジカルは隣接するエトキシカルボニル基により，求電子性を有することか
ら，電子豊富なビニルエーテルに付加をする．生成したラジカルはジフェニルジセレ
ニドに対して，S_H2 反応を行い，生成物を与える．このとき，生成したセレノラジカ
ルは連鎖反応を伝搬していく．また図(b) の例においてはプロピオール酸エチルと電
子不足アルケンと電子豊富アルケンを組み合わせた四成分連結反応を実現している．
この場合，連続付加後に得られるラジカルは 5-*exo* 環化を行った後，ジセレニドで捕
捉される．
　ここで，立体選択的なラジカル付加反応を考えてみよう．ラジカル反応ではスピン

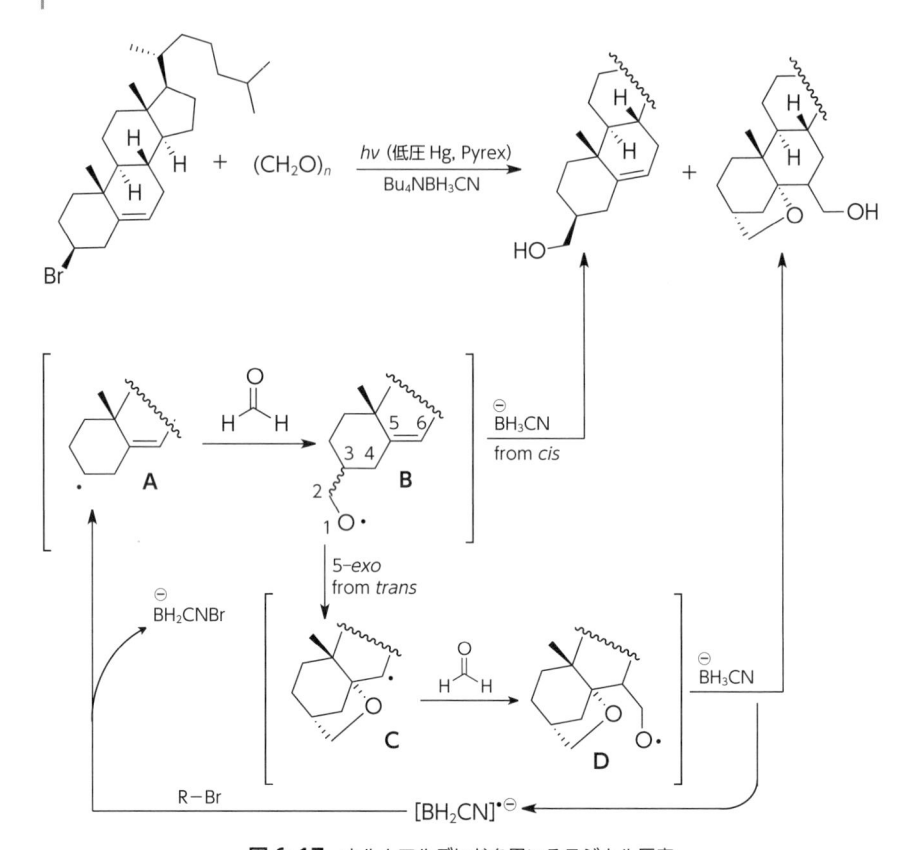

図 6·17　ホルムアルデヒドを用いるラジカル反応

の反転が制御できないため，立体選択性の制御には立体的な環境をつくる工夫が必要
である．図 6·19 の例では，C2 対称の 2,5-ジメチルピロリジンをオレフィンに配し
て，ラジカル付加におけるジアステレオ面の選択を果たした例である．

　次に三成分系での立体選択的反応例を示す．Sibi らによる図 6·20 の例では *N*-アシ
ル化したオキサゾリジノンとマグネシウム塩とで錯塩を形成させることで付加により
生成したラジカルのジアステレオ面を区別できるようにし，つづくアリルスズへのジ
アステレオ選択的な付加反応を可能としている．さらに図 6·21 の例においては，ビ
スオキサゾリン系のキラル配位子を用い，イソプロピルラジカルのエナンチオ選択的
なラジカル付加反応を達成している．触媒量の臭化マグネシウムとの錯体形成を行う
基質が錯体形成を行っていない基質よりも，ラジカル付加の受容が速い系となってい

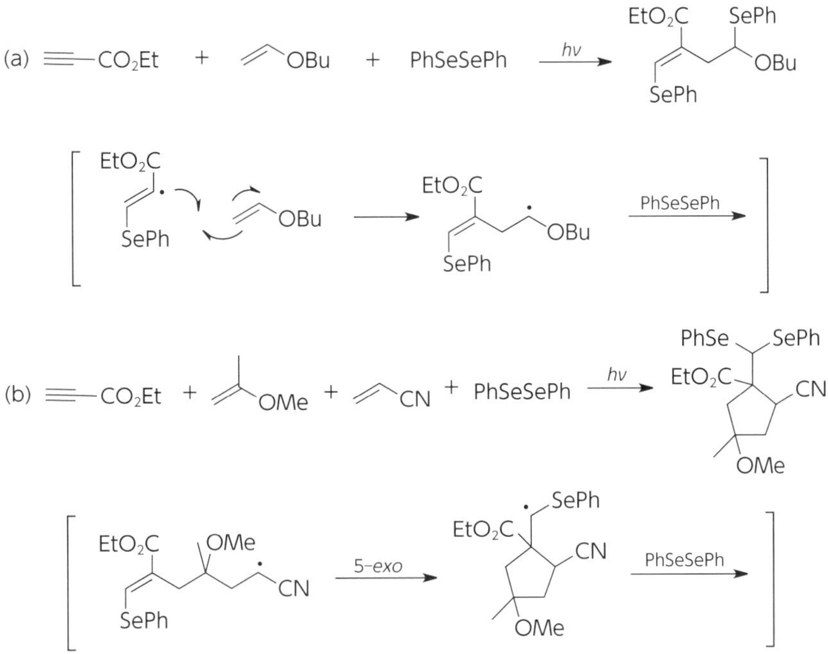

図 6·18 ジセレニドを用いる多成分連結反応

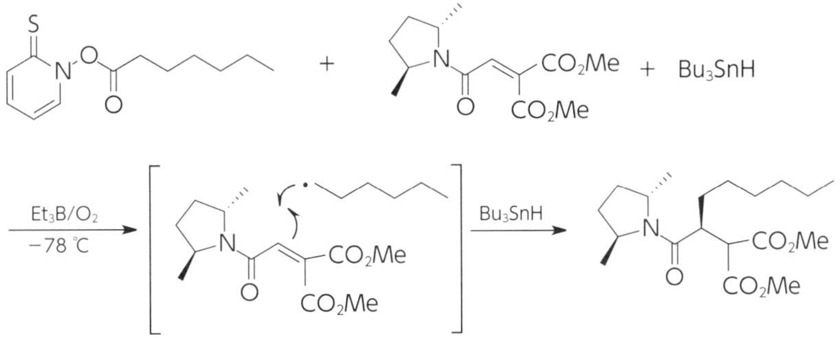

図 6·19 ジアステレオ選択的なラジカル付加反応

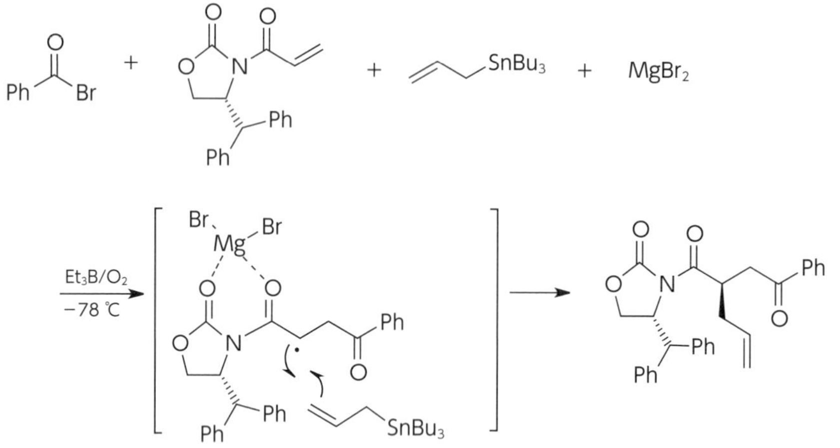

図 6·20　ルイス酸による面固定を活用するジアステレオ選択的なラジカル付加反応

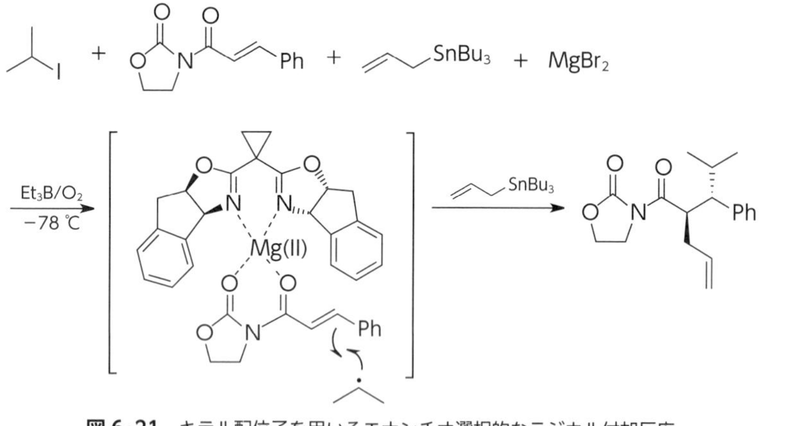

図 6·21　キラル配位子を用いるエナンチオ選択的なラジカル付加反応

ることはいうまでもない.

　チイルラジカルを用い, ビニルシクロプロパンとオレフィンから五員環を形成する方法は大嶌と Feldman によって以前に開発されている. 一方, 丸岡らは精緻な分子設計により合成した不斉チオールを触媒として用いたエナンチオ選択的な五員環構築に成功している(図 6·22). この反応の不斉発現段階は S_H2' 型の環化段階である.

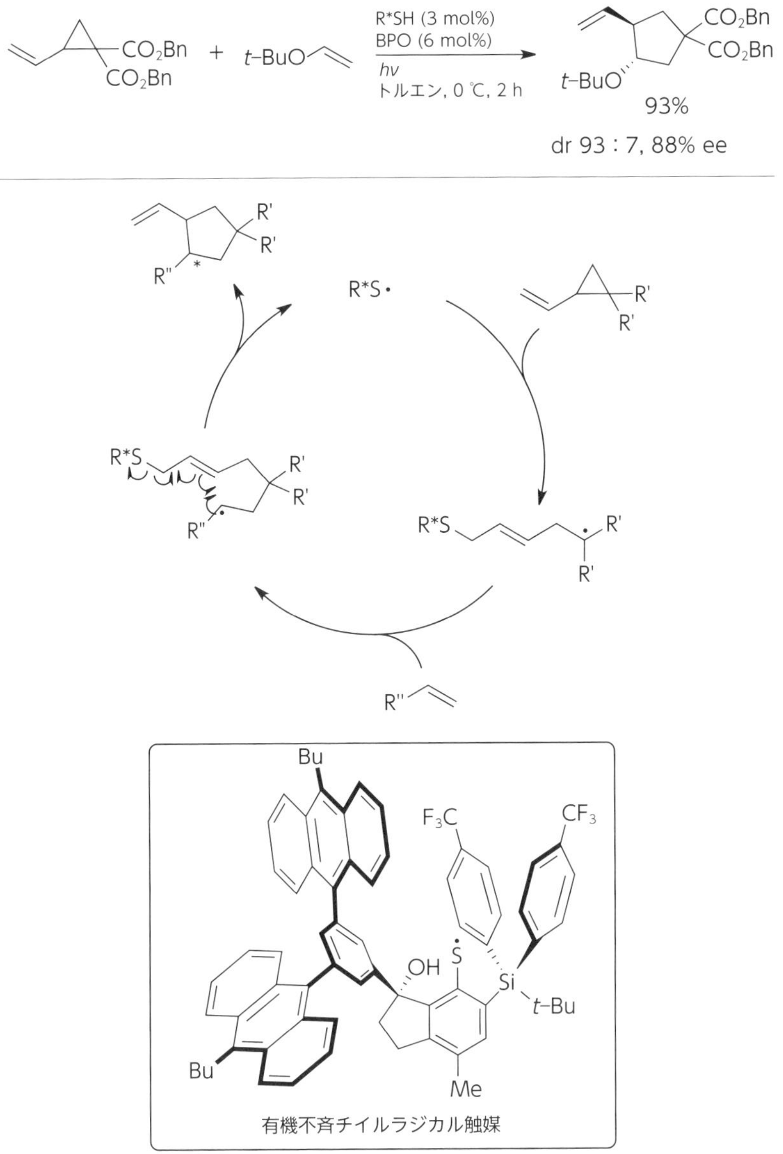

図 6·22 キラルなチオールを触媒とするエナンチオ選択的なラジカル環化反応

演習で理解しよう　ラジカル反応のメカニズム：6

A. 次のラジカル付加反応の反応機構を示せ.

(1)

(2)

(3)

(4)

cis/trans = 3/1

(5)

(6)　C_6H_{13} —≡ ＋ CO ＋ $\xrightarrow[\text{Bu}_3\text{SnH, C}_6\text{H}_6]{\text{AIBN}}$

B.　次の各反応には三員環のラジカル開環反応が含まれている．その反応機構を示せ.

(1)　 $\xrightarrow{\text{AIBN, Bu}_3\text{SnH}}$

(2)　 $\xrightarrow{\text{AIBN, Bu}_3\text{SnH}}$ $\xrightarrow{\text{H}_2\text{O}}$

(3)　 $\xrightarrow{\text{AIBN, Bu}_3\text{SnH}}$

7

光レドックス触媒によるラジカル反応

　有機光反応は電子的に励起された分子と，光によって誘起される化学過程であるが，励起分子の化学反応性は基底状態のそれとは根本的に異なるため，光を媒介とすることで従来の基底状態では得られない反応経路をとることができる．光照射により励起された触媒種は，一般に1電子の移動を経てさまざまな分子変換を可能とするが，その一方でエネルギー移動を鍵とする分子変換も可能とする．

　光励起された触媒種(以下，光触媒種と略称)が反応基質に対して一電子移動を起こす際には1電子を取るか与えるかの二つの可能性がある．それぞれを考えてみよう．光触媒種が反応基質から1電子を取る場合，反応基質は一電子酸化を受けることになり，光触媒種自身は一電子還元を受けることになる．その一電子還元の受けやすさを還元電位(reduction potential, V *vs.* SCE(飽和カロメル電極))で表す．この場合，一電子還元の受けやすさは励起された光触媒種の酸化能力の高さを反映していることに留意しよう．還元電位の値が正に大きければそれだけ電子受容能力が高いこととなる．一方で光触媒種が反応基質に1電子を与える場合，反応基質は一電子還元を受けることになり，光触媒種自身は1電子を失うので一電子酸化を受けることになる．一電子酸化の受けやすさは酸化電位(oxidation potential, V *vs.* SCE)で表す．光触媒種自らの酸化されやすさは他者への還元力を反映しており，その値が負に大きいほど電子を放出しやすく，正に大きいほど電子を受け取りやすい．縦軸に上をマイナスの電位を置いたときに，電子が落ちる方向であれば，電子移動は自発的に進む．このことは5章のコラムに示した．

　次に電子移動を受ける反応基質に目を転じてみよう．一電子還元を受けた反応基質はラジカルアニオンとなり，その分解とともにラジカル種が発生し，つづくラジカル反応に供される．反応後の活性種もしくは脱離後に生成した最終活性種から光触媒種が1電子を取り戻すステップ(活性種を酸化するステップ)が組み合わされば光触媒種

は光励起される前の状態に再生され，光照射とともに触媒として再び次の反応サイクルに関わることができる．レドックス触媒としては 5 章で述べた 1 価と 2 価を低電位差で行き来できる塩化銅(I)−塩化銅(II)系によるジアゾニウム塩の還元から始まる Sandmeyer 反応や，Fe(II)−Fe(III)を用いた過酸化水素の還元から分解に至る Fenton 反応など，光照射と関連しない例が以前から知られてきたが，上記のような光照射で活性化されレドックス挙動をとる触媒の場合はとくに光レドックス触媒またはフォトレドックス触媒とよぶ．光レドックス触媒の研究は近年急速に進展し，有機合成を変える勢いでその応用は広がっている．さらに現在では遷移金属錯体，有機色素，ポリマー，半導体など幅広い化合物においてレドックス型の光触媒機能が追求されている．

光レドックス触媒としてはたらく Ru 錯体と Ir 錯体

　代表的な光レドックス触媒として用いられる Ru(II) のカチオン錯体である，[Ru(bpy)$_3$]$^{2+}$ のレドックス反応挙動を図 7·1 にまとめた．光触媒を PC(photocatalyst)表記し，光励起された触媒を PC* で示す．まず上半分に示した光触媒の酸化的な消光(クエンチ)サイクルを伴うレドックスサイクルを見てみよう．450 nm の可視光で Ru

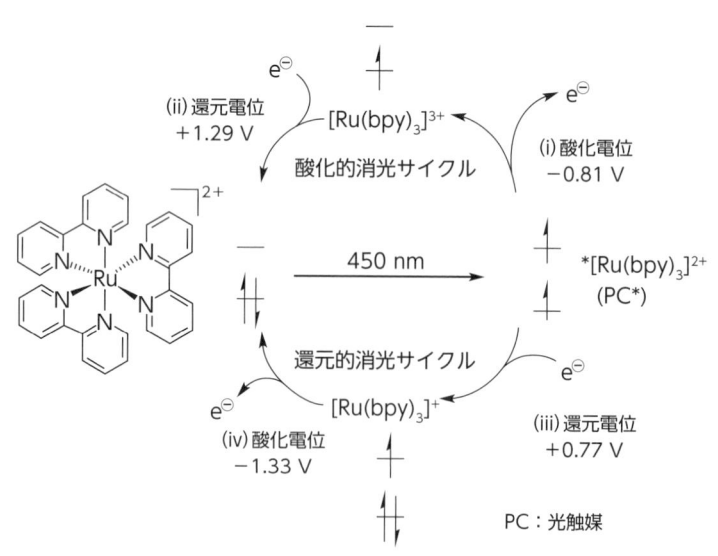

図 7·1　[Ru(bpy)$_3$]$^{2+}$ のレドックス反応挙動

(II)錯体が励起されるが，このときの光励起された Ru(II)錯体の酸化電位は−0.81 V (*vs.* SCE)である(図中(i))．励起 Ru(II)錯体は基質に対して 1 電子を与え(一電子還元)反応を生起させるが，自らは酸化され Ru(III)となる．生成した Ru(III)錯体は最終的に反応物から 1 電子を受け取り当初の光励起される前の Ru(II)錯体である[Ru (bpy)$_3$]$^{2+}$に戻る．このときの Ru(III)錯体の還元電位は+1.29 V(*vs.* SCE)である(ii)．

また下半分は励起された光触媒の還元的な消光(クエンチ)サイクルである．反応基質からすれば電子を取られるので酸化反応主導型のサイクルである．すなわち光励起された Ru(II)錯体は，反応基質から 1 電子を受け取り，Ru(I)に還元される．このときの Ru(II)錯体の還元電位は+0.77 V(*vs.* SCE)である(iii)．生成した Ru(I)錯体は反応後の活性種に 1 電子を放ち(一電子還元を行い)，自らは Ru(II)となり，当初の[Ru(bpy)$_3$]$^{2+}$に戻ることでレドックスサイクルを完成させる．このときの酸化電位は−1.33 V(*vs.* SCE)である(iv)．このように[Ru(bpy)$_3$]$^{2+}$を光照射下で触媒として用いるときには上半分で示した励起光触媒を酸化することで始まる Ru(II)–Ru(III)レドックス系サイクルと，下半分で示した励起光触媒を還元することで始まる Ru(II)–Ru(I)のレドックス系の二つのレドックスサイクルが可能である．加えて，配位子を変えることで酸化還元電位をシフトさせることもできる(図 7·2)．これはこの光レドックス触媒が多彩な電子移動反応に適応できる優れたシステムとなることを示している．

ルテニウムのビピリジル錯体を光レドックス触媒とし，上方に示した触媒の酸化的消光を伴う触媒サイクルを活用した例を示す．芳香族ジアゾニウム塩を用いたフェナントレン合成は，光照射下にて，励起した Ru(II)錯体による一電子還元によるアリールラジカルの生成，分子内ラジカル付加につづく Ru(III)錯体による一電子酸化と脱プロトン化を経て進行する(図 7·3)．このとき，基底状態の Ru(II)錯体が再生する．

Ru(bpy)$_3$Cl$_2$ を光レドックス触媒として，同様に触媒の酸化的消光を伴う例を次に示す．脂肪酸由来の *N*–アシロキシフタルイミドを一電子移動によりラジカルアニオンとし，つづくホモリシスによりカルボキシルラジカルを発生させることができる．脱炭酸を経て発生したアルキルラジカルは電子不足アルケンで捕捉される．図 7·4 の例では犠牲試薬として Hantzsh エステルを用いた例を示しているが，アミンを用いることもできる．この場合 Hantzsh エステルより水素移動が起こり，最終生成物に至る．水素供与後の Hantzsh エステルは Ru(III)錯体による酸化を受け，脱炭酸を経て，ピリジン誘導体になるとともに Ru(II)錯体を復元させる．

光励起された Ir(III)(ppy)$_3$ 錯体(*fac* 異性体)は[Ru(bpy)$_3$]$^{2+}$錯体に比べて酸化電位が−1.73 V(*vs.* SCE)より負に大きく，より大きな還元能力をもつ．Stephenson ら

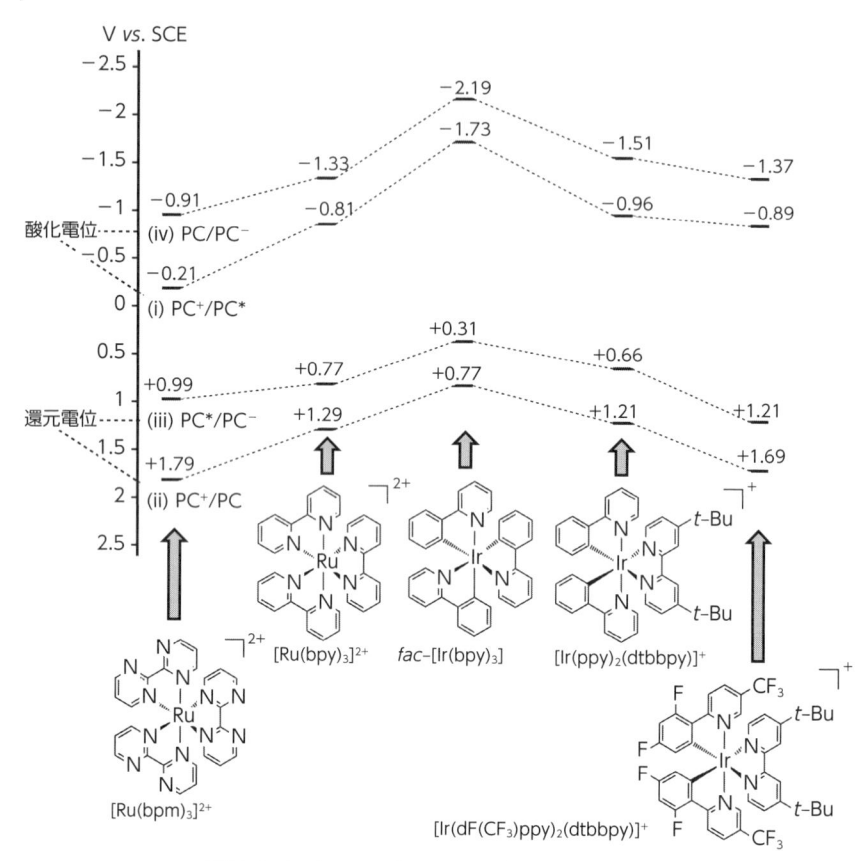

図7·2　Ru と Ir の配位子による酸化還元電位のシフト
PC *：光励起状態

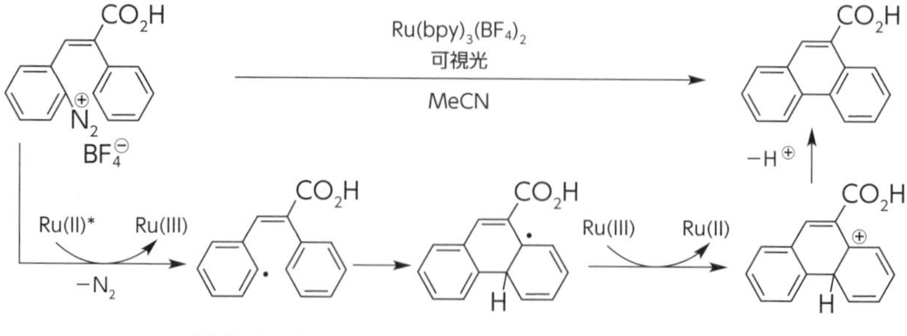

図7·3　光レドックス触媒によるフェナントレン合成

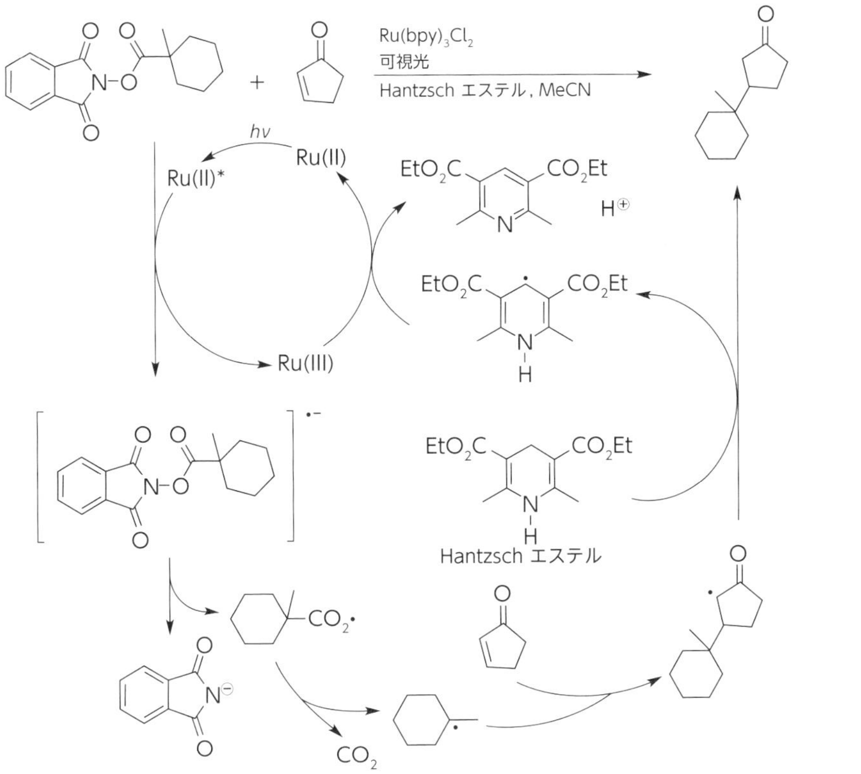

図 7·4 光レドックス触媒によるカルボン酸の脱炭酸を経たアルキルラジカルの生成と反応

は光励起されたこの錯体により，ヨウ化アルキル(RI)やヨウ化アリール(ArI)炭素-ヨウ素結合の一電子還元(RI の還元電位＝−1.61 〜 −2.10 V *vs.* SCE；ArI の還元電位＝−1.59〜−2.24 V *vs.* SCE)が可能であることを示している．たとえば図 7·5 のラジカル環化反応例では 1 電子を与えられたヨウ化アリールはラジカルアニオンとなった後にホモリシスを起こしアリールラジカルとヨウ化物イオンになる．この反応系では第三級アミンを共存しており，酸化された Ir(IV)触媒はアミンによって一電子還元され元の Ir(III)錯体に戻る．アミンのほうはラジカルカチオンとなるが，5-*exo* 環化後に生成したアルキルラジカルに対して水素供与を行いイミニウム塩となる．アミンは当モル量以上を必要とし犠牲試薬としてはたらく．この反応はより還元電位の低いアルケニルヨージドにも適用できる．もちろん AIBN/Bu₃SnH 系のラジカル反応でも同様

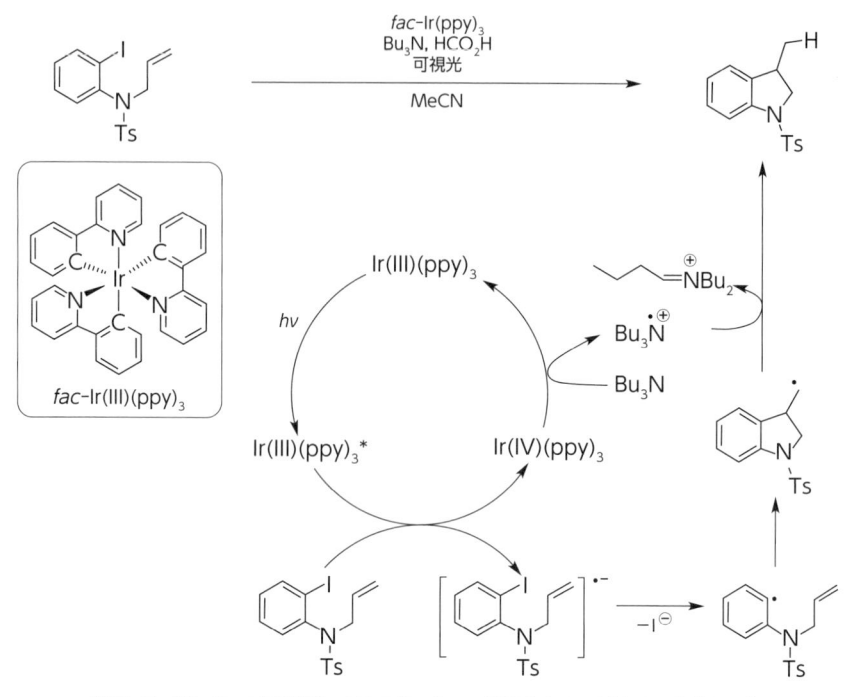

図7·5　光レドックス触媒によるアリールヨージドからのラジカルの生成と環化

な反応は進行するが，毒性が憂慮される有機スズ試薬を用いることなく数 mol%の触媒量の光レドックス触媒反応で実施できる利点は大きい.

　Sanford らは Ir(ppy)$_3$ を光レドックス触媒として，励起光触媒の酸化的消光サイクルにもとづく一電子移動によりトリフルオロ酢酸由来の *N*–アシロキシフタルイミドをラジカルアニオンとし，つづくホモリシスによりイミジルラジカルを発生させベンゼンのアミノ化に利用している. 通常の脂肪酸由来の *N*–アシロキシフタルイミドの場合には，先に示したようにラジカルアニオンからのホモリシスではフタルイミドアニオンとカルボキシルラジカルに分かれ，後者からは脱炭酸によるアルキルラジカルの生成がみられていることから，この結果はきわめて対照的といえる. 生成したイミジルラジカルはベンゼンに付加し，一電子酸化を経て，芳香族の C–H アミノ化に供される. 図7·6 にはその反応例と反応機構を示した.

　フッ素を導入することで医薬や農薬の薬理活性が増すことが認められるようになり，その導入法の開発がさかんに行われるようになった. Togni 試薬 II は求電子的な

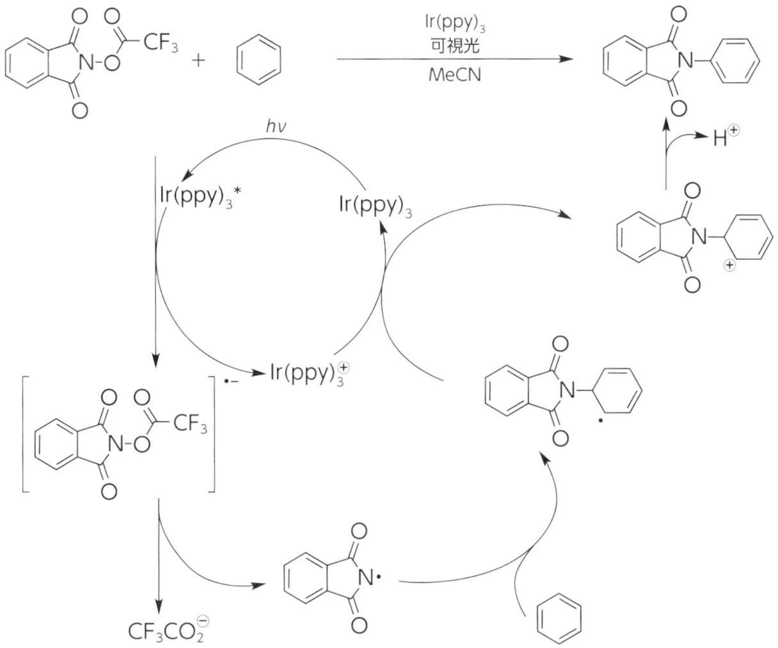

図 7・6 光レドックス触媒を用いる芳香族のアミノ化反応

トリフルオロメチル基の導入試薬として用いられるが，一電子供与によるラジカルアニオンの生成を経てトリフルオロメチルラジカルを発生させることができる．またトリフルオロメチルラジカルによる付加反応後に生成する炭素ラジカルから 1 電子を取り去ることにより，カルボカチオンを経る反応に変換できる．カルボカチオンはアセトニトリルにより捕捉後，加水分解されアセトアミドとなる．稲田，小池らは，この原理を洞察し，LED 光の照射下に，光レドックス触媒を組み合わせたトリフルオロメチル化の開発に成功した（図 7・7）．

　同様に梅本試薬も CF_3 カチオン源として利用されているが，これを $Ir(ppy)_3$ を光レドックス触媒として一電子還元させることでトリフルオロメチルラジカルを発生できる．つづく電子豊富なオレフィンによる捕捉と一電子酸化を組み合わせることでカチオンへと導き，CF_3 基を導入することができる（図 7・8）．

　MacMillan らは光レドックス触媒と第二級アミンを併用した系で，シクロヘキサノンと第二級アミンから生成するエナミンの酸化電位が大きいことを利用し，シクロヘキサノンの β 位での C-H/C-C 結合形成を達成している（図 7・9）．すなわちトリス

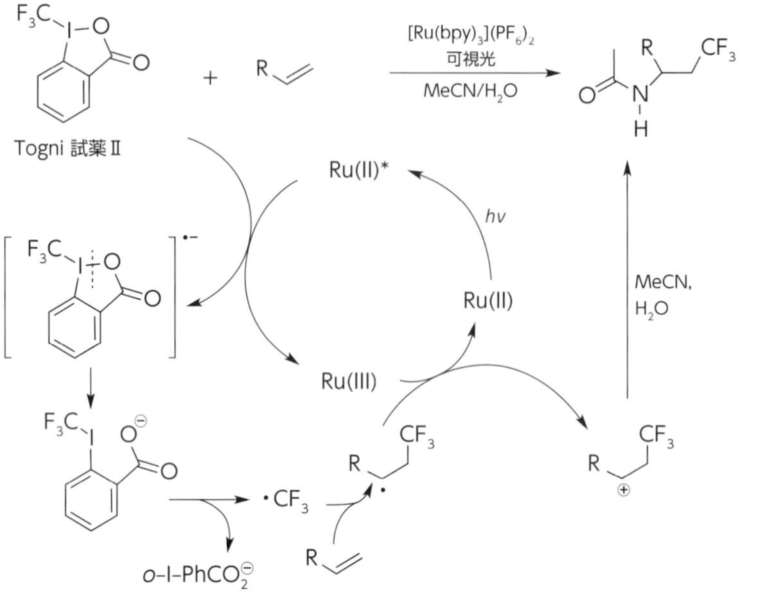

図7·7　Togni 試薬Ⅱを用いる光レドックス触媒によるアルケンのトリフルオロメチル化反応

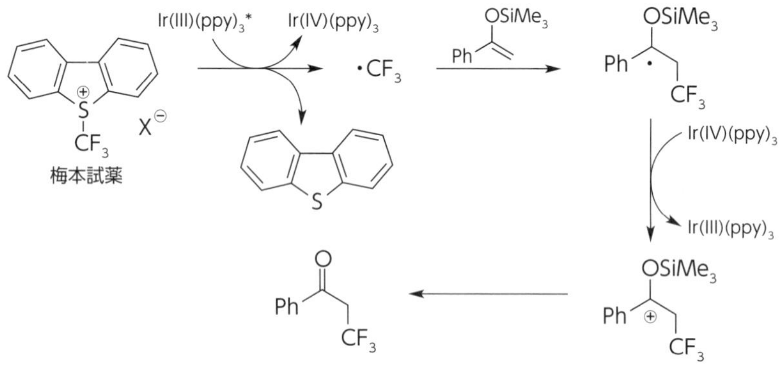

図7·8　梅本試薬を用いる光レドックス触媒によるアルケンのトリフルオロメチル化反応

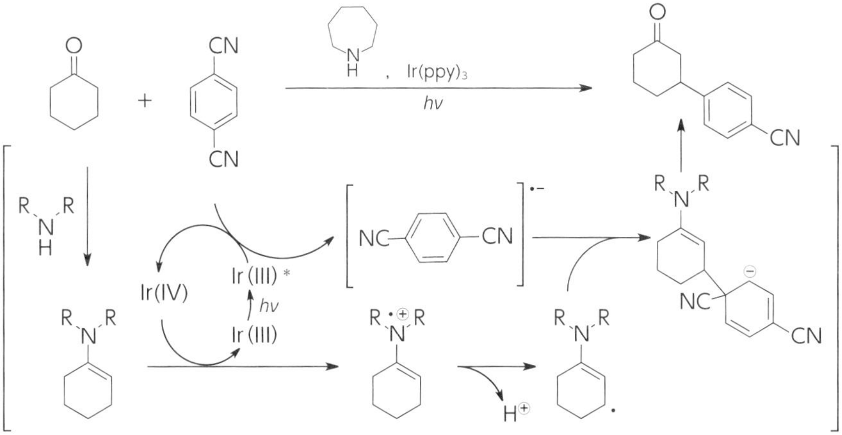

図7・9 Ir(ppy)$_3$を光レドックス触媒とするシクロヘキサノンのβ位でのアリール化

(2-フェニルピリジナート)イリジウム(III)が光励起されp-ジシアノベンゼンを一電子還元する．この過程で生成したIr(IV)による一電子酸化によりエナミンをラジカルカチオンとし，つづく脱プロトン化でアリル型ラジカルが生成する．p-ジシアノベンゼンのラジカルアニオンとのカップリングとつづくシアン化物イオンの脱離により生成物に至る．

有機色素を光レドックス触媒とする変換反応

　有機色素を光レドックス触媒とするメタルフリー型のラジカル反応プロセスも近年さかんに開発されている．図7・10にはそのような有機色素の例を上段に構造で示した．下段に示した有機分子触媒系の光レドックス触媒は遷移金属系の光レドックス触媒と相補的に発展している．

　染料として知られるエオシンY(eosin Y)は530 nmに極大吸収波長を有するが，テトラヒドロイソキノリンのベンジル位でマロン酸ジエチルとのクロスカップリングの触媒としてはたらく(図7・11)．光励起されたエオシンYは窒素上の電子を失い，ラジカルカチオンを生じさせるが，酸素共存系ではエオシンYのラジカルアニオンが酸素によって酸化され基底状態のエオシンYに戻る．このとき，生成した酸素のラジカルアニオン(スーパーオキシド)がベンジル位の水素を引き抜きイミニウム塩を生成させる．マロン酸ジエチルとの反応はイオン反応で進行する．

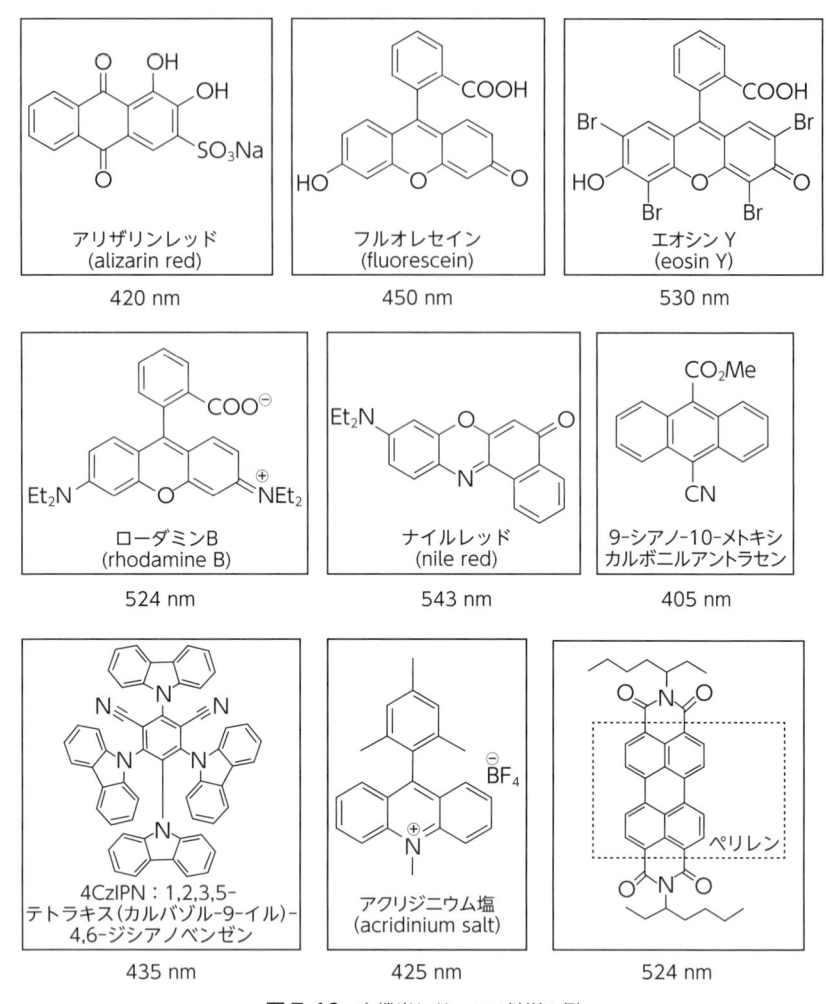

図7·10　有機光レドックス触媒の例

　芳香族ジアゾニウム塩を光励起された有機色素系触媒で一電子還元するとアリール
ラジカルが生じる．これを一酸化炭素で捕捉するとアシルラジカルに変換される．酸
化を受けた有機色素がアシルラジカルから一電子を受け取ると元の光触媒の基底状態
になる．このとき，アシルラジカルはアシルカチオンとなりメタノールで捕捉される
とメチルエステルとなる．図7·12の例はこのような有機色素触媒としてフルオレセ
インとエオシンYを用いた例を示している．

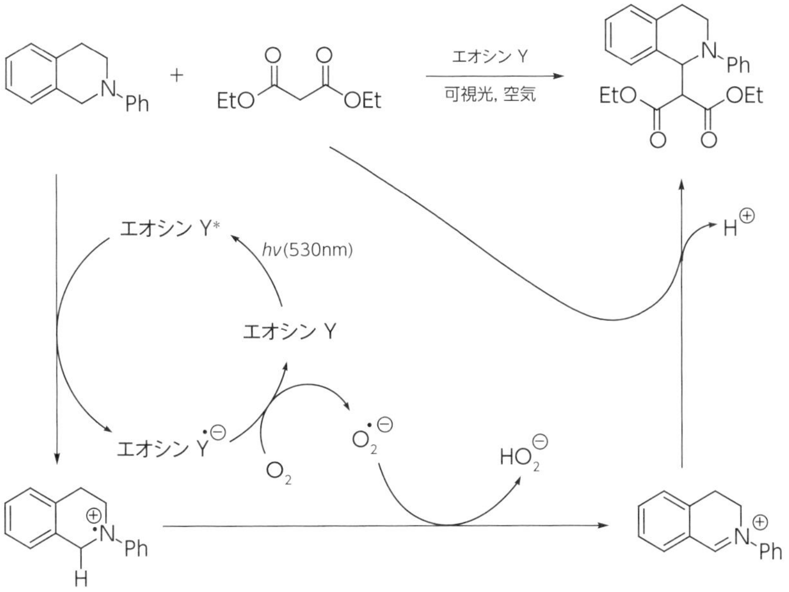

図 7・11 エオシン Y を光レドックス触媒とするクロスカップリング

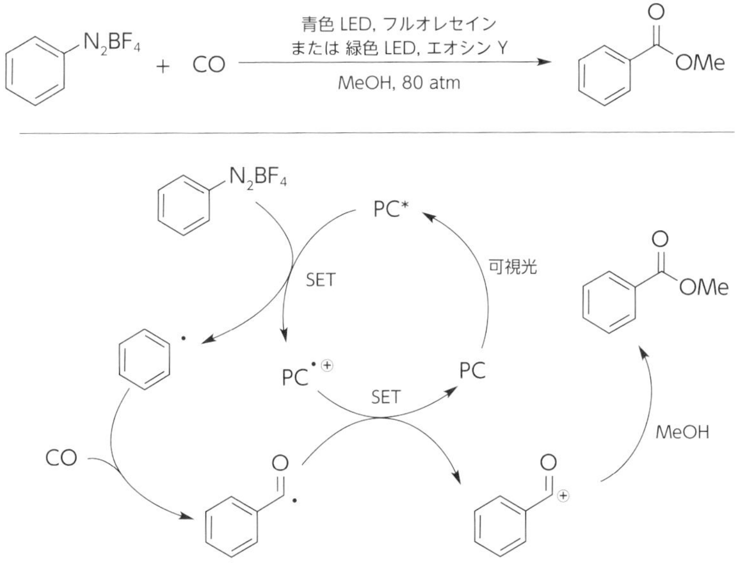

図 7・12 光レドックス触媒によるラジカルカルボニル化反応

　4CzIPN は高い一電子酸化能力を有することから，アルキルシリケートを酸化することでアルキルラジカルを発生させることができる．この反応系とラジカルカルボニル化を組み合わせることで非対称ケトンへの変換が可能となる．図 7·13 にはシクロヘキシルシリケートから発生させたシクロヘキシルラジカルのカルボニル化とつづくアクリロニトリルへの付加反応の例を示した．

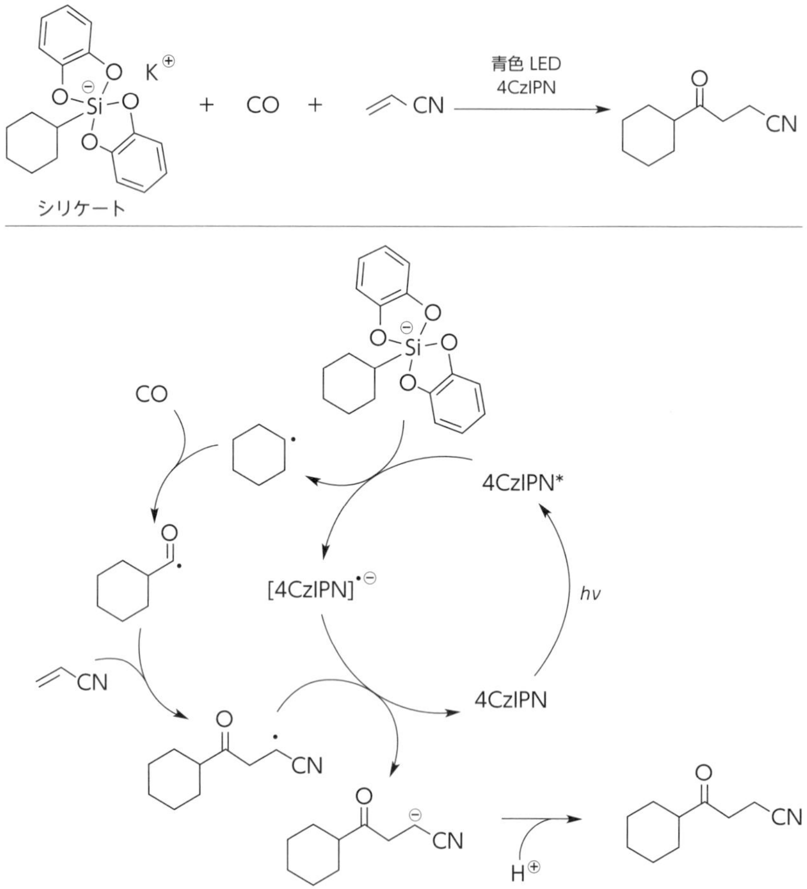

図 7·13　4CzIPN を光レドックス触媒とするラジカルカルボニル化反応

　アクリジニウム（acridinium）塩は福住らによって開発されたことから福住触媒とよ
ばれることも多い．光励起されたアクリジニウム塩は還元的消光において還元電位が
2.20 V（*vs.* SCE）と高い一電子酸化能力を示すことから，2 置換，3 置換，そして 4 置
換のオレフィンを一電子酸化させ，ラジカルカチオンに変換することができる．求核
種とラジカル捕捉種を共存させた系で反応を行うと，求核種によるカチオンの捕捉が
より多置換のアルキルラジカルを与える方向で優先的に進行する．Nicewicz らはラ
ジカル捕捉剤として優れた水素供与試薬としてはたらくベンゼンチオールを用いるこ
とで，anti-Markovnikov 型の付加反応を達成している（図 7·14）．

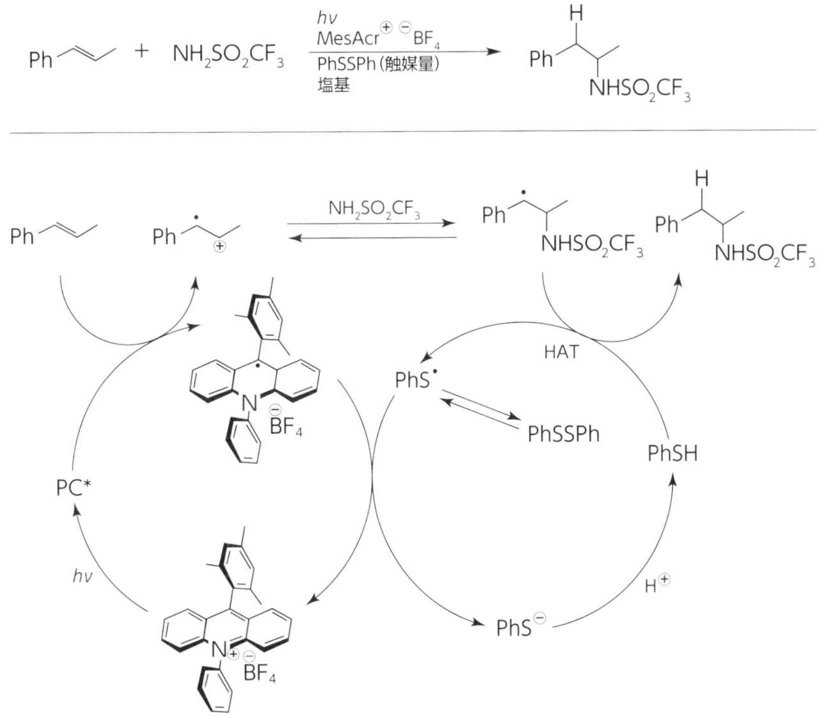

図 7·14 アクリジニウム塩を光レドックス触媒とするオレフィンの anti-Markovnikov 型ヒドロアミノ化

　柳らは福住触媒によるオレフィンのヒドロキシアルケニル化を水の存在下，BPSE をアルケニル化剤として用いて達成した（図7·15）．光励起された福住触媒の還元電位は 2.20 V vs. SCE に対して，3-メチル-2-ブテンの酸化電位が 1.81 V vs. SCE であることから一電子酸化は容易に起こり，ラジカルカチオンが生成する．水による水和と BPSE に対するラジカル付加につづき，PhSO$_2$ ラジカルの脱離を経て生成物に至る．本反応が触媒的に回るためには一電子移動を受けて生成したアクリジニウムラジカルを一電子酸化する必要があるが，副生成物である PhSO$_2$ ラジカルの還元電位は 0.5 V vs. SCE であるのに対して，アクリジニウムラジカルの酸化電位は -0.57 V vs. SCE であり，触媒再生のための一電子移動は可能である．

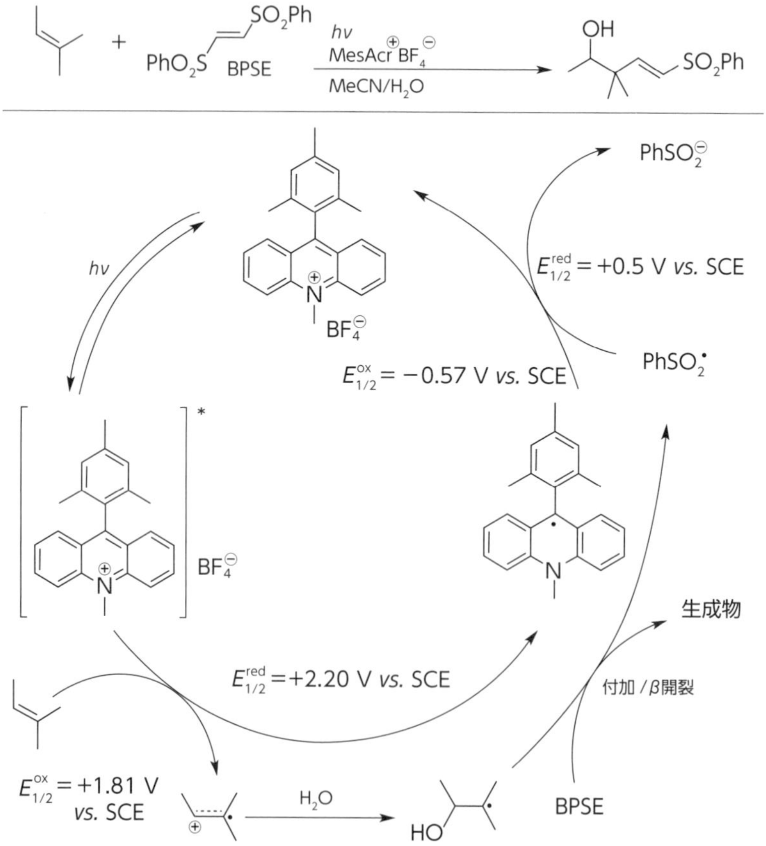

図7·15　アクリジニウム塩を光レドックス触媒とするオレフィンのヒドロキシアルケニル化反応

光励起による強力な一電子還元剤の生成

　塩化アリールは対応する臭素化アリールやヨウ化アリールに対して一電子還元されにくい．Nicewicz らはアミンによって一電子還元されたアクリジニウムラジカルがさらに光励起されると，非常に強い還元力を有する TICT(twisted intramolecular charge-transfer)($-3.36\,\mathrm{V}$ *vs.* SCE)となることを見出した(図7·16)．この手法を用いると，塩化アリール($-2.72\,\mathrm{V}$ *vs.* SCE)の脱ハロゲン化反応が可能である．

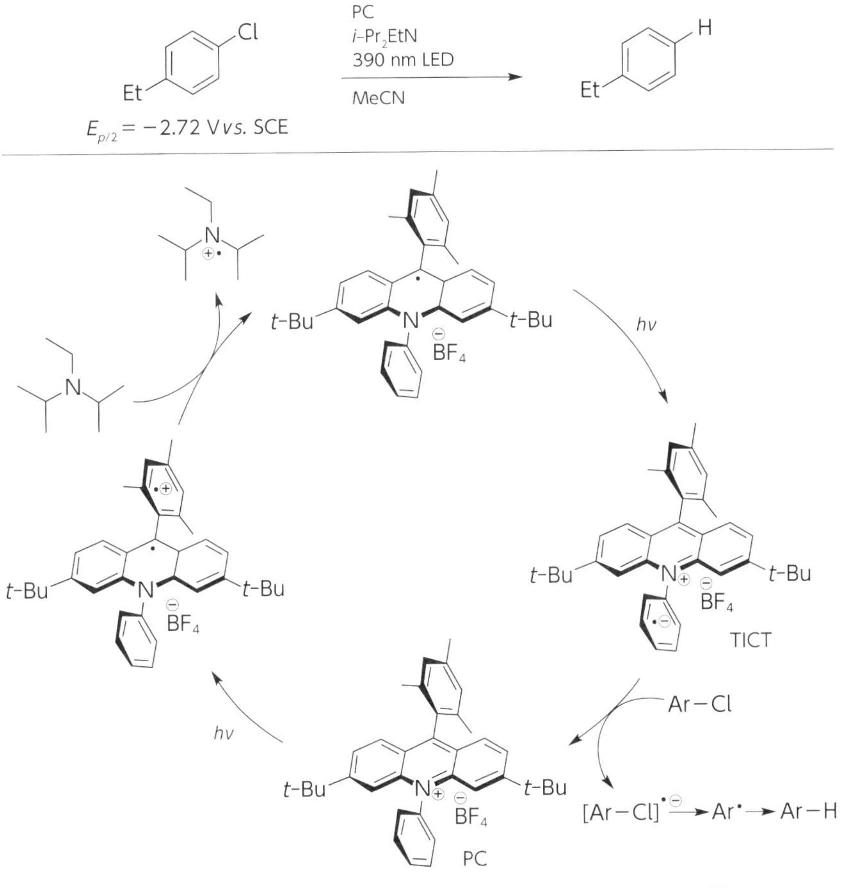

図7·16　アクリジニウムラジカル励起による塩化アリールの一電子還元

光触媒 / 遷移金属触媒協働型変換反応

　MacMillan らは Ir 錯体を光レドックス触媒とし Ni 触媒を組み合わせてカルボン酸の脱カルボキシル化を伴うアリール化反応を達成している(図 7·17)．光励起された Ir(III)錯体の還元電位は 1.21 V *vs.* SCE であり，カルボン酸塩の酸化電位が 0.95 V *vs.* SCE であることから，カルボン酸塩の一電子酸化が容易に起こり，カルボキシルラジカルと Ir(II)が生成する．二酸化炭素の β 脱離は速くアルキルラジカルが生成する．一方，Ir(II)種は Ni(I)を一電子還元し Ni(0)種となり Ir(III)に戻る．アリールハロゲン化物が Ni(0)に酸化的付加し，ここにさきほど生成したアルキルラジカルが付加し Ni(III)種となり，還元的脱離によりアリール化された生成物が得られる．この反応はステップ数が多いがレドックスニュートラルの反応といえる．

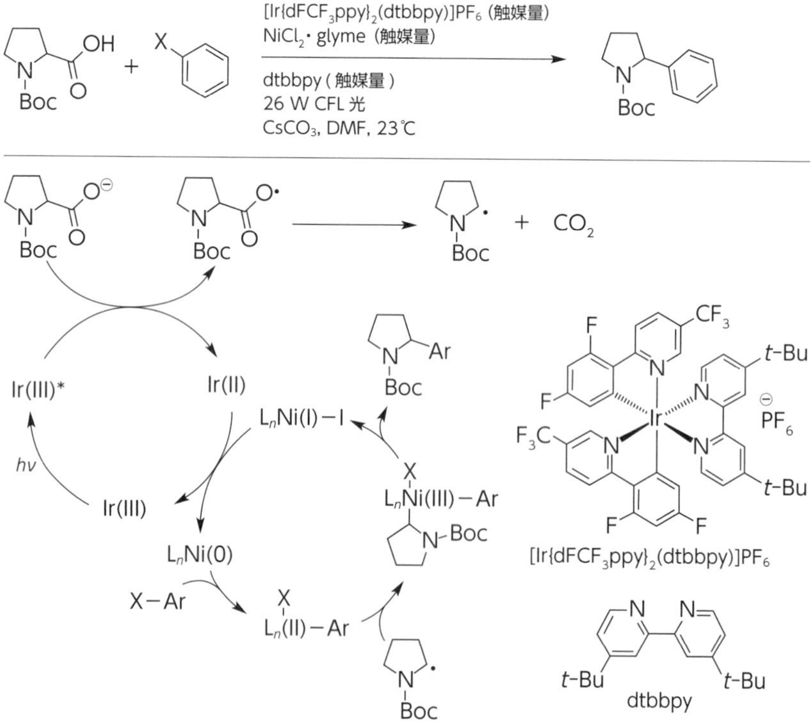

図 7·17 Ir 光レドックス触媒と Ni 触媒を組み合わせたカップリング反応

コラム 7　｜　レドックスニュートラルとは

　最近，化学論文でレドックスニュートラルな反応をうたうケースに遭遇することが多々ある．一般に酸化還元的・反応的に中性である反応をレドックスニュートラルという．広義の意味でいうなら求核剤と求電子剤との組み合わせにより生成物が得られる反応や，パラジウム触媒によるクロスカップリング反応もレドックスニュートラルの反応例といえる．一般にレドックス触媒反応では触媒が反応基質を一電子酸化して，結合開裂が起こり，ラジカルが生成，つづいて結合が構築され，できたラジカルを還元された触媒が一電子還元すると生成物が得られ，触媒は元に戻るというパターンをたどる．この場合も反応機構を除いた全体の反応式ではレドックスニュートラルの反応となる．一方で，酸化剤を当モル量使い切る反応であるとか，還元剤を当モル量使い切る酸化還元反応では，反応式で電子の過不足が生じるのでレドックスニュートラルとはいわない．したがってレドックス触媒反応でも犠牲試薬を当モル量必要とする場合はレドックスニュートラルの反応に含めない．

プロトン共役電子移動を鍵とする変換反応

　Knowles らはプロトン共役電子移動(PCET：proton coupled electron transfer)を鍵とするケチルラジカルの環化反応を達成している(図 7・18)．この反応では犠牲試薬として Hantzsh エステル(HEH)が用いられている．HEH は光照射下に Ru(II)を還元し Ru(I)を与える．ベンゾイル基の還元によりケチルラジカルが生成し，5-*exo* 環化が起こり，つづく HEH からの水素原子移動によりシクロペンタン環が構築される．*cis* 型生成物からはイオン的な環化反応によりラクトンが生成する．この反応は犠牲試薬として HEH が必要であることから，レドックスニュートラルの反応とはいえない．HEH の一電子酸化電位は 0.89 V *vs.* SCE であり，光励起された Ru(II)種の一電子還元電位は 0.77 V *vs.* SCE であるため，HEH の一電子酸化が容易に進行し，HEH のラジカルカチオンとより還元力の高い Ru(I)種(−1.33 V *vs.* SCE)が生成する．同時に，ブレンステッド酸触媒はケトンと可逆的な水素結合錯体を形成すると予想される．酸化還元触媒からの電子移動とケトン酸素へのプロトン移動，すなわちプロトン

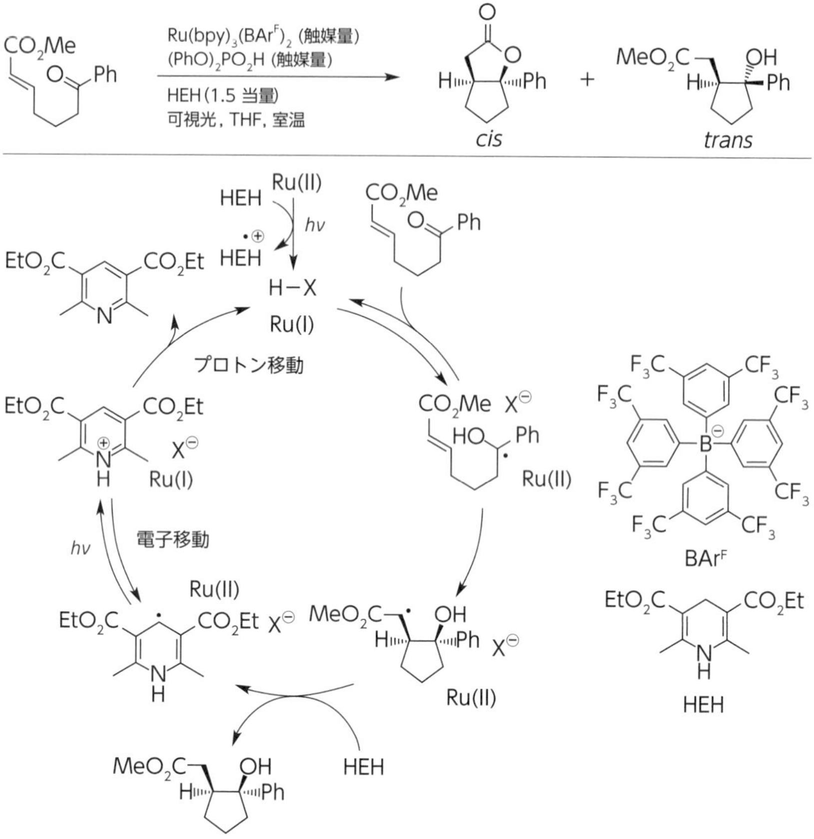

図 7·18 Ru 光レドックス触媒とブレンステッド酸触媒を組み合わせた分子内環化

共役電子移動により，ケチルラジカル中間体が生成する．この機構は Stern–Volmer
解析により示唆されている．たとえば，アセトフェノンのジフェニルリン酸単体では
励起した光触媒を消光しない．しかし，ジフェニルリン酸とアセトフェノンとを組み
合わせることで，蛍光強度は大きく減少した．ジフェニルリン酸とケトンの濃度を変
化させると，消光過程は各成分に対し一次依存性を示すことが明らかになった．さら
に，プロトン化ジフェニルリン酸と重水素化ジフェニルリン酸を用いた消光試験で
は，同位体効果が観察された．これらの結果を総合すると，励起状態消光のメカニズ
ムが直接的な電子移動であることを否定できる．

　新しい光化学プロセスを実現するうえで，触媒や反応基質の酸化還元特性を調整し

て所望の反応性を得ることは有用な戦略である．もっとも単純なアプローチは，骨格置換（たとえば，アレーン上の電子供与基は一電子酸化を容易にし，電子求引基はアレーンの還元を促進する）またはシリル基などの電子補助（EA）基の使用である．EA基は，分子全体の酸化還元電位に影響を与えるだけでなく，SET イベント時に非可逆的な進行を促し最終的に活性なラジカル中間体形成を容易にすることも可能である．

コラム 8 | Stern-Volmer 解析

Stern-Volmer 解析は，発光分子の励起状態の速度論を研究するために広く利用されている．定常状態の発光消光研究は，動的消光過程の速度定数など，二分子反応の速度論に関する有用な情報を得ることができる．たとえば，消光剤の濃度（[Q]）を横軸，蛍光強度比の逆数（I_0/I）を縦軸にプロットし，正の傾きが得られれば，分子間消光が起きていることになる．

この過程の速度論は，以下の Stern-Volmer の式で表される．

$$\frac{I_0}{I} = 1 + k_q \tau_0 [Q]$$

I_0 は消光剤非存在下での蛍光強度，I は消光剤存在下での蛍光強度，k_q は消光剤の速度定数，τ_0 は消光剤非存在下での蛍光寿命，[Q] は消光剤の濃度である．

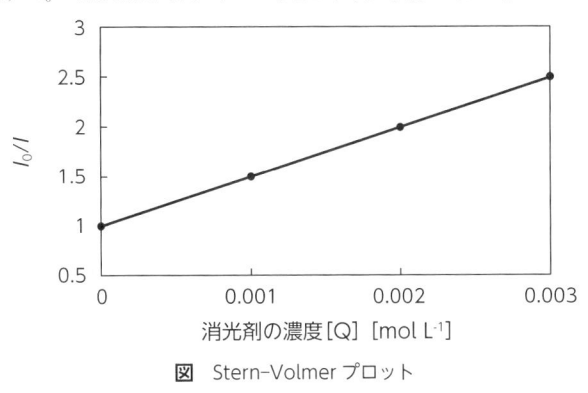

図 Stern-Volmer プロット

量子収率と連鎖機構

　Yoon らは光照射下に Ru 触媒を用いた[4+2]付加環化反応を報告した(図7·19).
算出された量子収率は 44 と大きく,ラジカル連鎖機構が提唱されている.すなわち
基質アルケンからの一電子移動によりラジカルカチオン **A** が生成しジエンとの付加
環化反応を行い,環化したラジカルカチオン **B** は,基質アルケンを一電子酸化する
ことで最終生成物となり,再びラジカルカチオン **A** を与える.一方,光のオン／オ
フ時間を設けた照射(ライトオフ／ライトオン実験)では,ライトオフ時には,生成物
の収率に変化がなかった.連鎖反応は一般に照射を停止した数ミリ秒後に終了するた
めに慎重に議論する必要があることを示唆している.

　非発光性中間体の励起状態における過渡現象における速度論的解析は発光性中間体
に比べて困難であるが,LFP(レーザーフラッシュフォトリシス)と過渡吸収スペクト

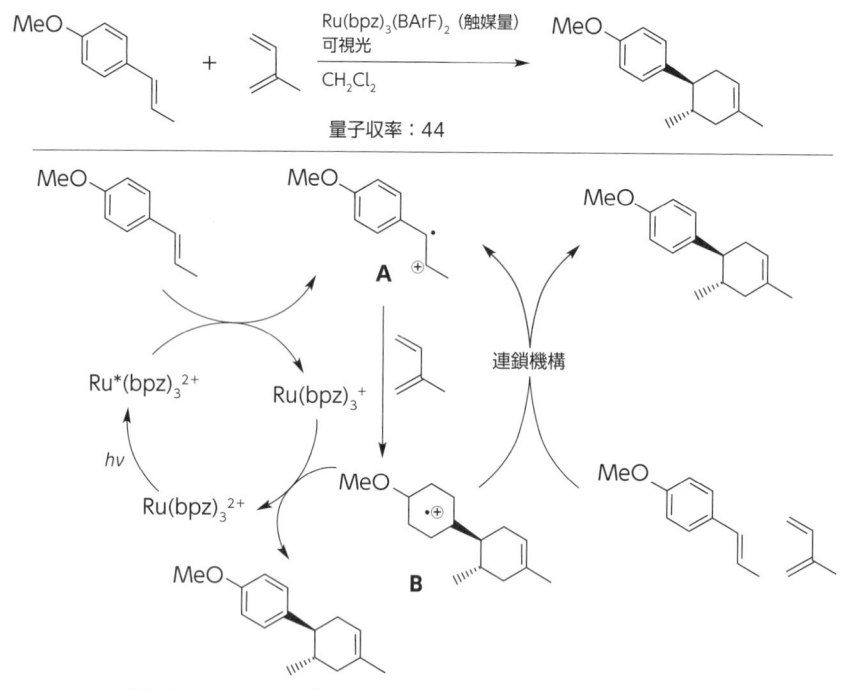

図7·19　Ru 光レドックス触媒とブレンステッド酸触媒を組み合わせた分子内環化

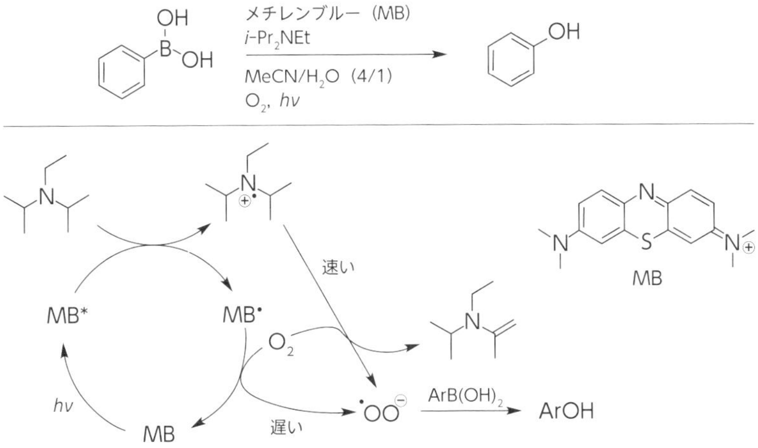

メチレンブルー（MB）
i-Pr$_2$NEt

MeCN/H$_2$O（4/1）
O$_2$, *hv*

速い

MB*

MB$^{\cdot}$

O$_2$

MB

hv

遅い

$^{\cdot}$OO$^{\ominus}$

ArB(OH)$_2$

ArOH

図 7·20 メチレンブルーを光触媒とするアリールボロン酸の酸化的ヒドロキシル化反応

ル解析により，短寿命の中間体の形成速度や分解速度について情報を得ることができる．Scaiano らは，過渡吸収分光法による速度論的研究を行い，光触媒による分子状酸素を用いたアリールボロン酸の酸化的ヒドロキシル化反応の反応機構を解明している（図 7·20）．この反応は Ru(bpy)$_3$Cl$_2$ よりもメチレンブルー(MB)を光レドックス触媒としたほうがはるかに迅速に進行する．たとえばフェニルボロン酸の場合，MB を触媒とする酸化反応では 7 時間後にフェノールを 94％の収率で生成したのに対し，Ru(bpy)$_3$Cl$_2$ を光触媒として用いた場合は 54％の収率であった．このことから Ru(bpy)$_3$Cl$_2$ およびメチレンブルー(MB)の励起状態における減衰を，犠牲消光剤として *N,N*–ジイソプロピルエチルアミンの濃度を増加させながら過渡吸収スペクトルでモニターし，二分子消光定数(k_{obs})を消光剤濃度の関数としてプロットしたところ，MB は *i*-Pr$_2$NEt によって[Ru]の約 40 倍の速さで消光された．ここで生じるアミンラジカルカチオンが酸素を一電子還元し，それがアリールボロン酸を酸化している．光触媒プロセスのダイナミクスを支配する励起状態の速度論の詳細な理解が，合成手法の設計と最適化に役立つということを示した優れた研究例であろう．

光照射系でのエネルギー移動や EDA 錯体を活用する反応

　光照射によって実現される励起三重項状態は多数の魅力的な合成経路を与える．しかし，励起三重項状態を叶えるためには，強いエネルギーを有する紫外線照射が必要

であり，基質許容性が低い問題があった．近年，可視光による光触媒励起を利用した三重項-三重項エネルギー移動触媒反応(TTEnT：triplet-triplet energy transfer)により穏和な条件で三重項励起状態を実現し，そのエネルギー移動を活用したと考えられる反応が見出されている(図 7·21)．たとえば，光[2+2]付加環化反応は四員環化合物を得る優れた手法であるが，一般に紫外線照射条件が用いられてきた．Yoon らは Ir 錯体を触媒として用いた[2+2]付加環化反応を可視光照射下で達成している(図 7·21，下式)．光触媒なしの紫外線照射条件(254 nm)では，原料の転換率は高いものの反応の選択性が劣化し，環化体の収率が大幅に低下した．エネルギーの強い紫外線の照射では望みではない分解反応などが進行した可能性が高い．光触媒を用いる反応で電子移動型かエネルギー移動型かの議論は実に興味深い．

　Melchiorre らは，光照射下でエナミンとベンジルブロミド類との EDA 錯体(コラム 10 参照)の形成を鍵とする変換反応を達成した(図 7·22)．不斉有機触媒は不斉エナミン形成に使われる．アルデヒド，ベンジルブロミド，アミン，エナミンのいずれの分子も可視光領域に吸収をもたないが，アミンとアルデヒド，ベンジルブロミドを

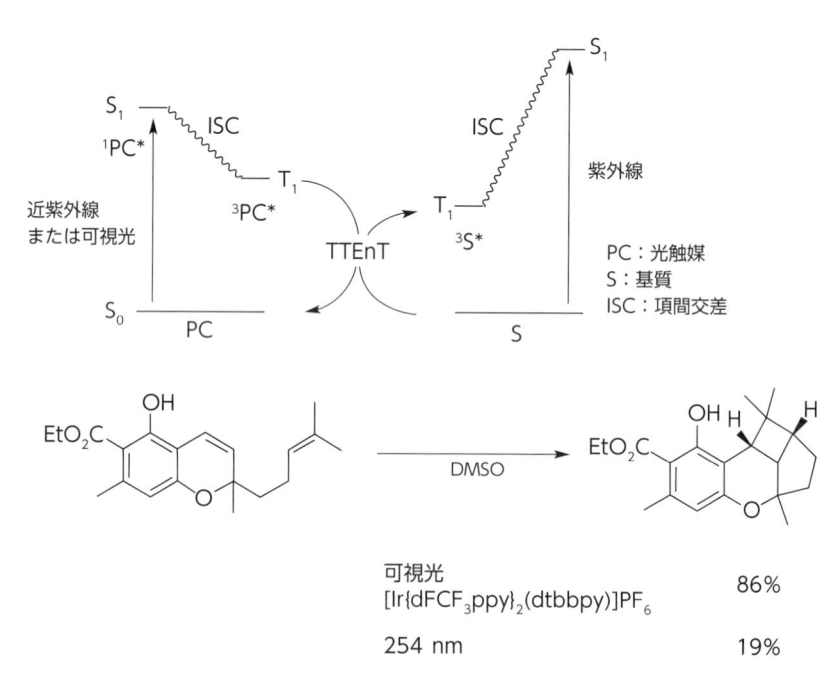

図 7·21　エネルギー移動の考え方とエネルギー移動で進行する Yoon らによる[2+2]付加環化反応

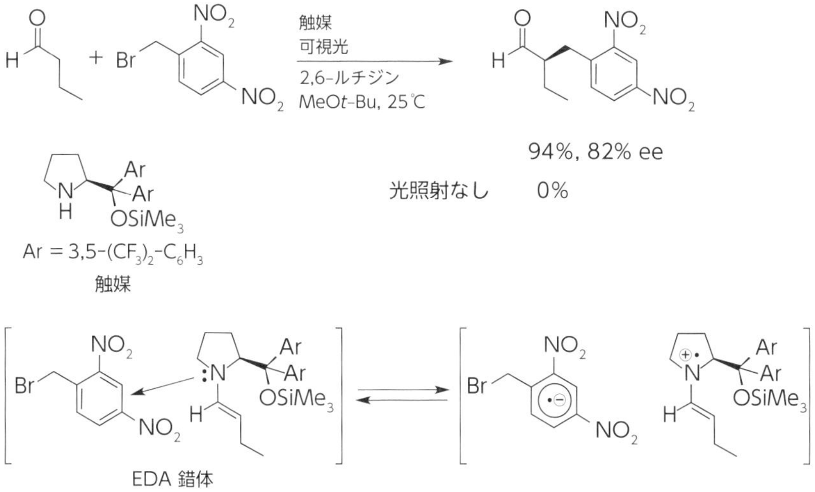
触媒
可視光
2,6-ルチジン
MeO*t*-Bu, 25℃
94%, 82% ee
光照射なし 0%
Ar = 3,5-(CF3)2-C6H3
触媒
EDA 錯体

図 7·22 EDA 錯体を鍵とする不斉有機触媒反応

コラム 9 量子収率

光化学で頻繁に用いられる量子収率とは，光化学反応を起こした原子または生成分子の個数(m)と，吸収された光子の個数(n)との比(m/n)をいう．生成分子数は容易に求めることが可能であるが，光子数を求めるには一般に特殊な装置が必要である．特殊な装置を使用しない方法としては，化学光量計(ケミカルアクチノメーター)による光子数の定量がある．たとえば，シュウ酸鉄(III)カリウムが化学光量計としてよく用いられる．シュウ酸鉄(III)カリウムの光照射により得られた Fe(II)を 1,10-フェナントロリンとの錯体とする．この錯体の，510 nm での吸光度と既知のシュウ酸鉄カリウムの量子収率から，光子数を定量することができる．

量子収率は照射光の波長にもよるが，とくに反応の種類や条件に著しく左右されるので，慎重な議論が必要である．たとえば量子収率が 1 を下回る場合でも，必ずしもラジカル連鎖反応の関与を完全に否定できるわけではないことにも留意しておきたい．ライトのオン／オフ実験も同様に慎重な議論が必要である．

混合すると，黄色となり可視光領域に吸収をもつようになり，これより EDA 錯体の形成が示唆されている．また，エナミンの代わりにインドールを用いても同様の反応が進行し，さらに EDA 錯体の単結晶 X 線構造解析に成功している．

　電子豊富な置換基をもつアレーンの Friedel–Crafts アシル化反応は，一般にオルト位またはパラ位にアシル基を導入する反応として知られる．隅田・大宮らは，ラジカル種によるメタ選択的なアシル化反応を光触媒による手法で達成した（図 7·23）．この手法ではアクリジニウム型の光励起種 PC* による電子豊富アレーンの一電子酸化により生成したラジカルカチオンに求核種がパラ位で付加しシクロヘキサジエニルラジカルが生成する．一方，トリアゾリウム型 *N*–複素環カルベン（NHC）と原料である

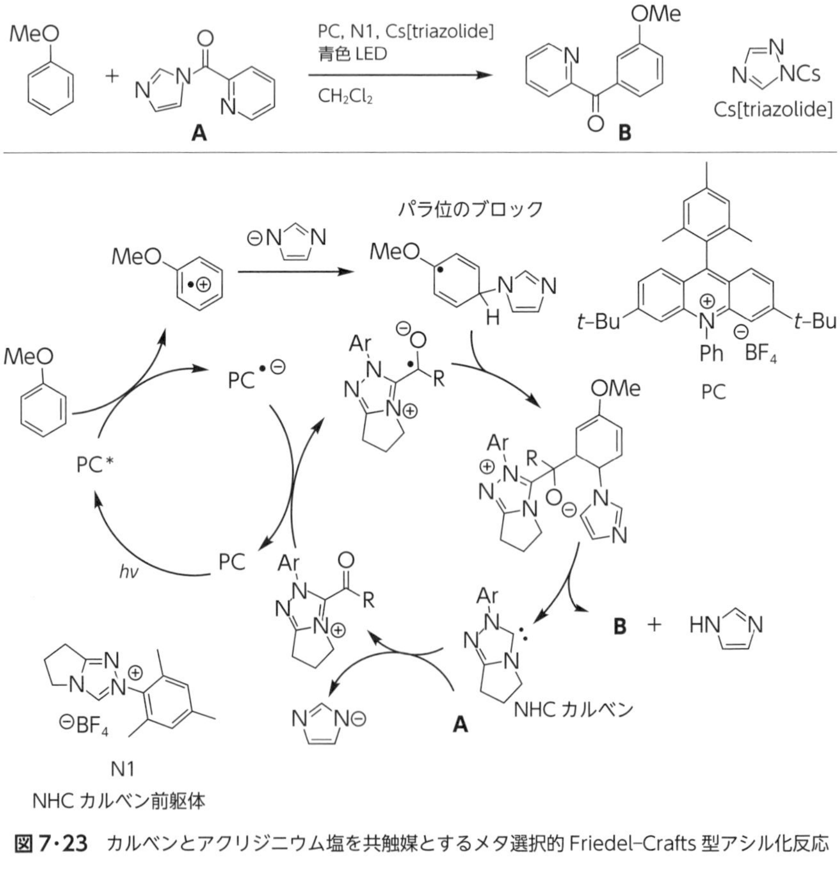

図 7·23　カルベンとアクリジニウム塩を共触媒とするメタ選択的 Friedel–Crafts 型アシル化反応

アシルイミダゾール(**A**)との反応により生成したアシルトリアゾリウム塩が PC$^{\cdot-}$ により一電子還元を受け，ラジカルアニオン種が生成する．このラジカルアニオンとシクロヘキサジエニルラジカルとのラジカルラジカルカップリング，つづく脱離反応によりメタアシル化体が得られる．

コラム 10 | EDA 錯体による反応戦略

　光触媒の添加を必要としない戦略が注目されている．この戦略は，電子アクセプター分子 A とドナー分子 D(それぞれルイス酸とルイス塩基)の結合を利用して，電子ドナーアクセプター(EDA)錯体とよばれる新しい分子集合体を形成するものである．二つの分子 A と D は，それ自身は可視光を吸収しないが，結果として生じる EDA 錯体は可視光を吸収する．光励起は一電子移動(SET)現象を引き起こし，温和な条件下でラジカル中間体を生成することができる．EDA 錯体の光物性は，1950 年代から広く研究されてきた．一方，ごく最近まで，化学合成への応用は限られていた．しかし 2013 年頃から，EDA 錯体の光化学は多くの化学者の関心を集め，合成化学に新たな可能性をもたらしている．

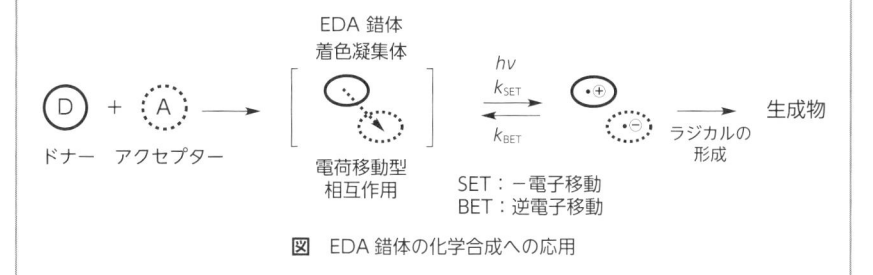

図　EDA 錯体の化学合成への応用

演習で理解しよう　ラジカル反応のメカニズム：7

A.　次の各反応には遷移金属種が触媒として関与する電子移動過程が含まれている．その反応機構を示せ．

(1) C₁₂H₂₅ ～CO₂H ＋ Selectfluor® [2 BF₄⁻] $\xrightarrow[\text{アセトン/H}_2\text{O (1/1) 還流}]{\text{AgNO}_3\ 20\ \text{mol\%}}$ C₁₂H₂₅ ～F

(2) Ph–CO–O–(CH₂)₃–CH=CH₂ ＋ [F₃C–I ベンゾヨードキソロン] $\xrightarrow[\text{MeOH, 70〜80 ℃}]{\text{CuCl 10 mol\%}}$ Ph–CO–O–CH₂–CH=CH–CH₂–CF₃

(3) R～EWG ＋ R¹–N(R²)–CH₂R³ $\xrightarrow[\text{NMP, 可視光}]{\text{光触媒}}$ 生成物

光触媒：[Ir(ppy)₂(dtbbpy)]⁺ BF₄⁻

B.　次の反応では遷移金属種のレドックス触媒と有機分子触媒がともに機能している．その反応機構を示せ．

OHC–CH₂–CH₂–NHNs ＋ CH₂=CH–Ph $\xrightarrow[\substack{\text{Na}_2\text{HPO}_4 \\ \text{DMF, }-10\ ℃}]{\substack{\text{有機分子触媒} \\ \text{Fe(phen)}_3(\text{SbF}_6)_3}}$ 生成物

9：1 dr，92% ee

有機分子触媒（イミダゾリジノン型）

C.　次のフッ素化反応はアントラキノンを光レドックス触媒とする電子移動過程が含まれている．その反応機構を示せ．

H₂N–CO–CH₂–CH₂–CH₃ ＋ Selectfluor類似体 [2 BF₄⁻] $\xrightarrow[\text{可視光, MeCN, 大気中}]{\text{アントラキノン}}$ H₂N–CO–CH(F)–CH₃

8

C–H 結合開裂を活用するラジカル反応

C–H 結合の強さと切れやすさ

　一般に C–H 結合は $85 \sim 100\ \mathrm{kcal\ mol^{-1}}$ の結合解離エネルギーを有するが，これを
ラジカル反応によって官能基化するには水素引抜き反応が用いられる．しかし，直鎖ア
ルカンの C–H 引抜きにおいて位置選択性を発現させることは容易ではない．かろう
じてもっとも弱いメチン C–H 結合が引き抜かれる反応例が報告されている．表8·1

表 8·1　C–H 結合解離エネルギーと隣接置換基

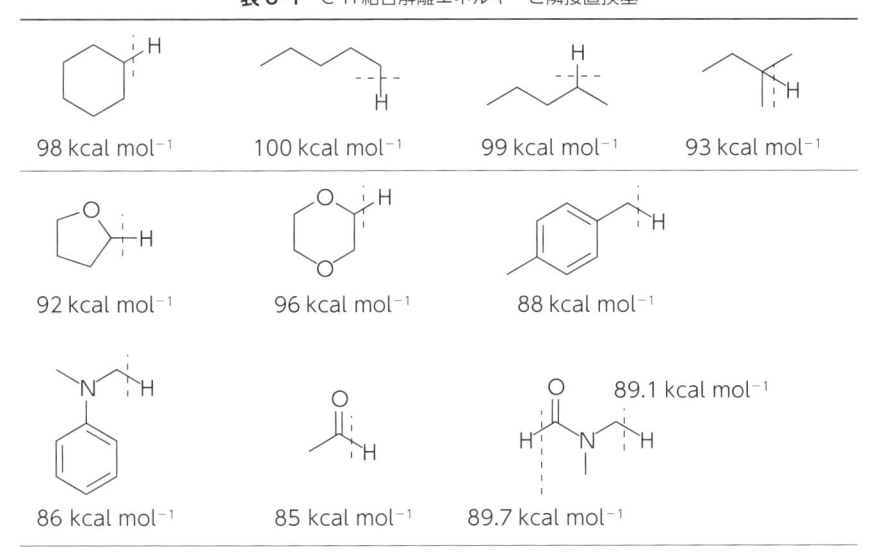

98 kcal mol⁻¹	100 kcal mol⁻¹	99 kcal mol⁻¹	93 kcal mol⁻¹

$98\ \mathrm{kcal\ mol^{-1}}$　　$100\ \mathrm{kcal\ mol^{-1}}$　　$99\ \mathrm{kcal\ mol^{-1}}$　　$93\ \mathrm{kcal\ mol^{-1}}$

$92\ \mathrm{kcal\ mol^{-1}}$　　$96\ \mathrm{kcal\ mol^{-1}}$　　$88\ \mathrm{kcal\ mol^{-1}}$

$89.1\ \mathrm{kcal\ mol^{-1}}$

$86\ \mathrm{kcal\ mol^{-1}}$　　$85\ \mathrm{kcal\ mol^{-1}}$　　$89.7\ \mathrm{kcal\ mol^{-1}}$

[Luo, Y. -R.; Comprehensive Handbook of Chemical Bond Energies; CRC Press; 2007]

に示したように結合の強さの観点からすれば，生成ラジカルの安定化が期待できる基質(線より下に示した)においては一般に C-H 結合開裂が起こりやすい．

　石井らは酸素酸化反応が *N*-ヒドロキシフタルイミド(NHPI)を触媒として，効率よく進行することを見出している．たとえば，図 8·1 の反応では NHPI が酸化されて得られるニトロキシドラジカルがベンジル位の水素を引き抜き，酸素への付加，そして生成したペルオキシラジカルへの水素供与によって連鎖反応が進行する．

　塩素ラジカルや臭素ラジカルは C-H 結合から水素を引き抜く能力をもつが，アルコキシラジカルやトリフルオロメチルラジカルも C-H 結合より水素を引き抜くことができる．たとえば Fuchs らはビニルトリフロンやアルキニルトリフロンを用いて，シクロアルカンの C-H/C-C 変換反応を達成している．図 8·2(a)にはシクロヘキサンのアルキニル化反応を示した．この反応では二重結合や三重結合にアルキルラジカルが付加した後，β 開裂によりトリフルオロメタンスルホニルラジカルが生成し，その後，α 開裂により二酸化硫黄とトリフルオロメチルラジカルを与える．一方，図(b)のような一酸化炭素が共存する系では，三成分系反応が起こり，シクロヘキシルラジカルの一酸化炭素捕捉を経て，アセチレンケトンが良好な収率で得られる．また，トリエチルボランあるいはジエチル亜鉛と酸素により発生するエチルラジカルは THF の α 水素を引き抜くことができる．この反応で生じる THF ラジカルはアルデヒドに付加を起こすことが知られている．

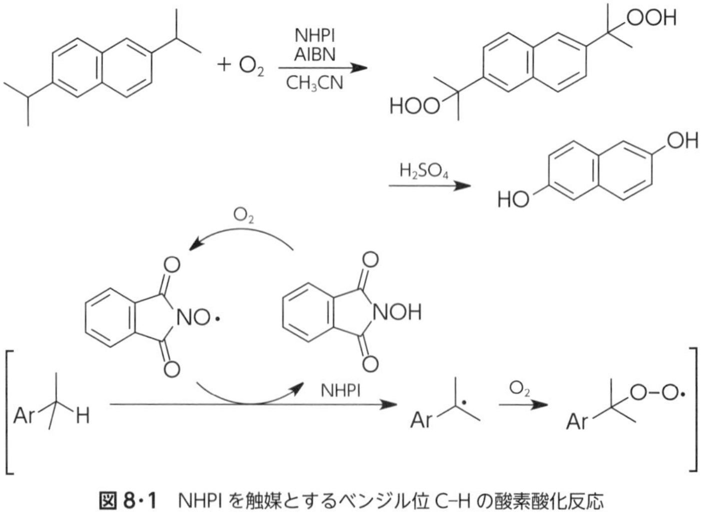

図 8·1 NHPI を触媒とするベンジル位 C-H の酸素酸化反応

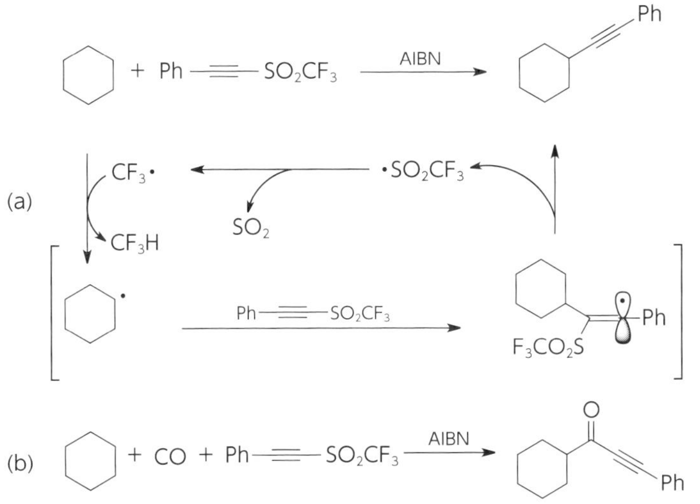

図 8・2 アルキニルトリフロンを用いる C–H/C–C 変換反応

分子内反応による位置選択的な C–H 結合の開裂

　アルキル亜硝酸エステルは光照射下にホモリシスを起こす．生成したアルコキシラジカルは 5 位の水素を引き抜き，炭素ラジカルを与える．この炭素ラジカルは一酸化窒素と結合し，プロトン移動を伴ってオキシムに変換されていく．この反応はBarton 反応あるいは Barton 1,5–水素移動反応とよばれる（図 8・3）．分子内の 5 位のC–H からの水素引抜きは他の水素引抜きよりも遷移状態が有利であり，熱力学的にはより安定な O–H 結合が形成される．この 1,5–水素移動反応はラジカル種の観点からすると 1,5–ラジカル移動反応とみることができる．同じく図 8・3 には，生物活性作用があるステロイド前駆体の合成への応用例を示した．なお，このときのラジカルペアであるアルコキシラジカルは transient radical（TR），そして一酸化窒素は persistent radical（PR）であり，安定な後者は前者の反応後に再結合を果たす．

　容易に入手可能な脂肪族アルコールから出発して，同様な 1,5–水素移動反応を一電子酸化剤である四酢酸鉛によって達成させることができる．この反応では，四酢酸鉛と脂肪族アルコールの反応によりアルコキシ鉛中間体が生成し，これよりホモリシスが生起し，アルコキシラジカルが生成する．このアルコキシラジカルは 5 位の炭素か

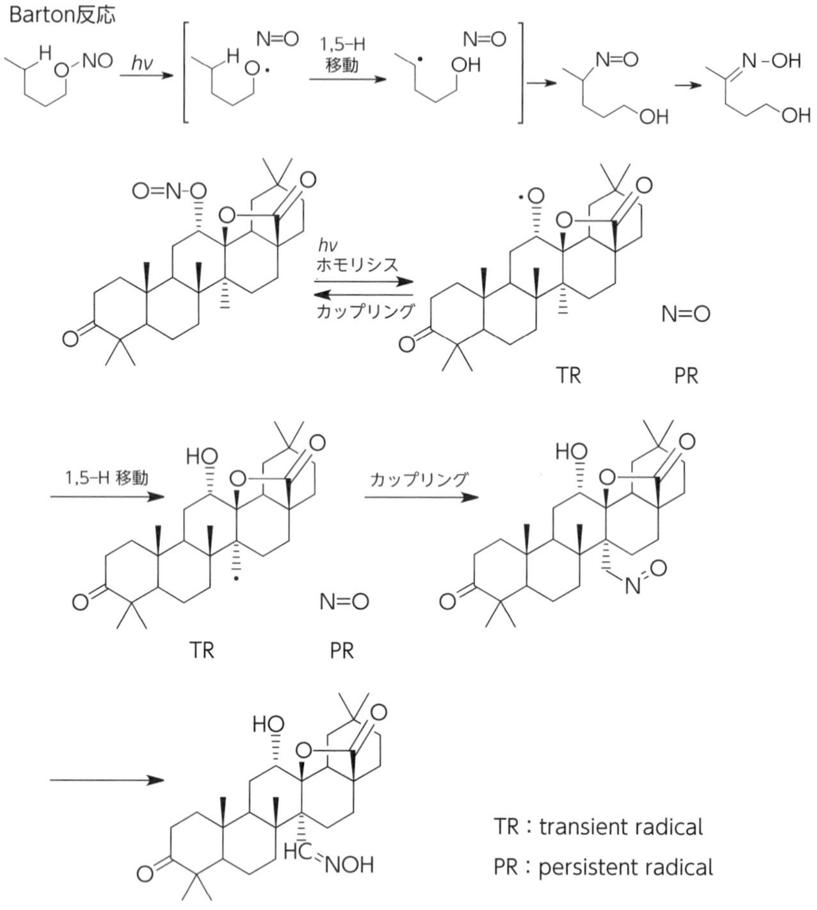

Barton反応

図 8·3　Barton 反応とステロイド前駆体合成への応用例

TR : transient radical
PR : persistent radical

　ら水素を引き抜き，炭素ラジカルを与える．生成した炭素ラジカルはもう1分子の四酢酸鉛により，一電子酸化を受けると炭素カチオンとなり，この炭素カチオンは分子内のヒドロキシ基の求核攻撃を受け，脱プロトン化とともに THF 環が形成される．一方，一酸化炭素の共存下では炭素ラジカルの一酸化炭素への付加によりアシルラジカルが生成し，これより一電子酸化を経て，アシルカオチンとなり，δ-ラクトンが得られる(図8·4)．このようにエントロピー的に有利となる分子内水素移動反応を利用し，飽和アルコールのδ選択的なカルボニル化が達成される．図8·4(b)はメチル

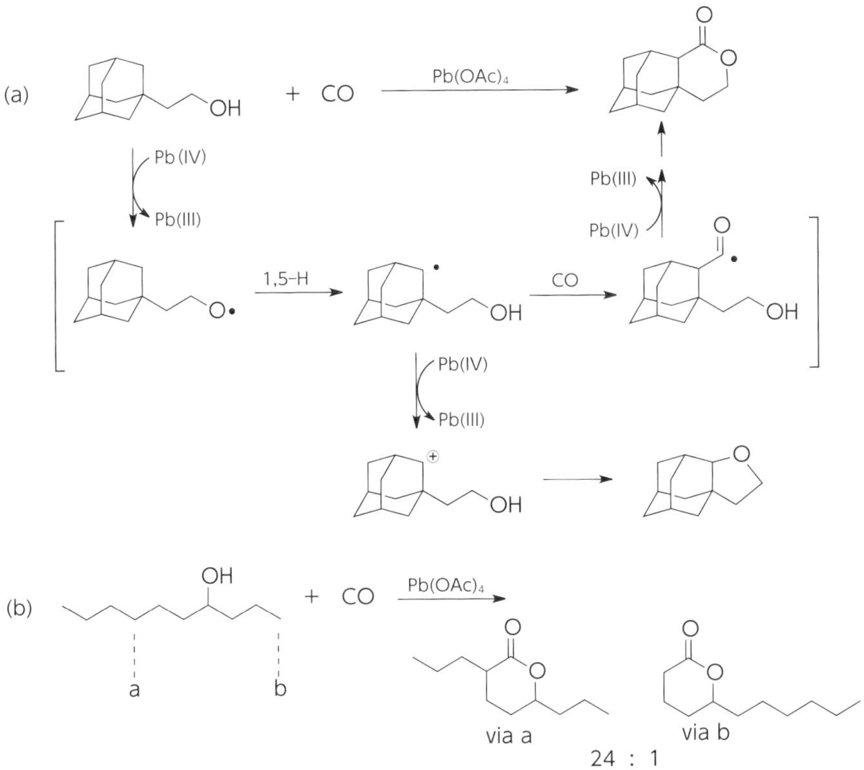

図 8·4 飽和アルコールの δ–カルボニル化による δ–ラクトン合成

とメチレンの競争過程を含む例であるが，より結合の弱いメチレン上での 1,5-水素移動を経る反応が高選択的に進行する．

　対応するクロロアミンを用い，硫酸酸性条件下でアミニルラジカルを発生し 1,5-水素移動を経て δ 選択的に塩素化を行う反応は Hofmann–Löffler–Freytag 反応として知られる（図 8·5）．

　1,5-水素移動反応においては，より強い結合をつくることを反応の駆動力としていることから，ビニルラジカルやアリールラジカルのような σ ラジカルを用いた例も知られている．図 8·6 の例においては，ビニルラジカルが 1,3-ジチアンのメチン炭素から水素を引き抜く．生成した炭素ラジカルは，5-*exo* 環化を起こし，生成物に至る．図 8·7 の例においてはアリールラジカルによるアミド窒素の α 位の C–H からの水素引抜きが起こっている．生成した炭素ラジカルは分子間反応により電子不足オレフィ

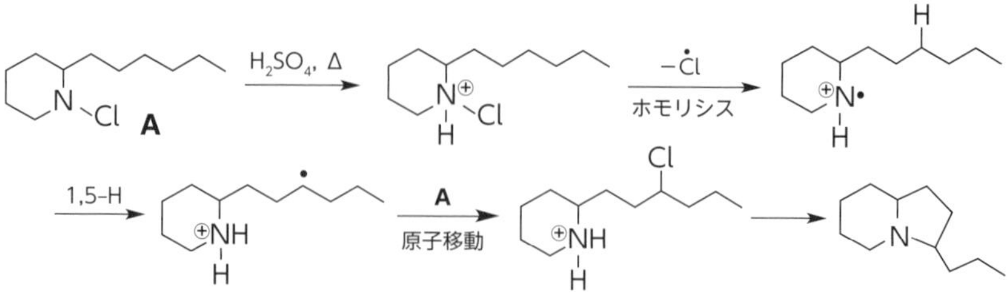

図 8·5 Hofmann–Löffler–Freytag 反応の例

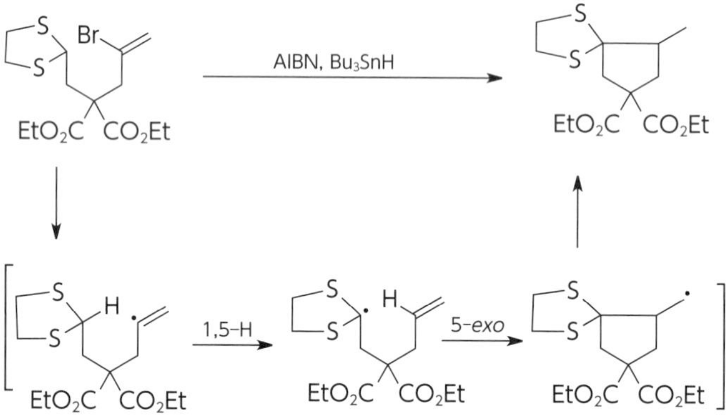

図 8·6 ビニルラジカルによる 1,5–水素移動反応

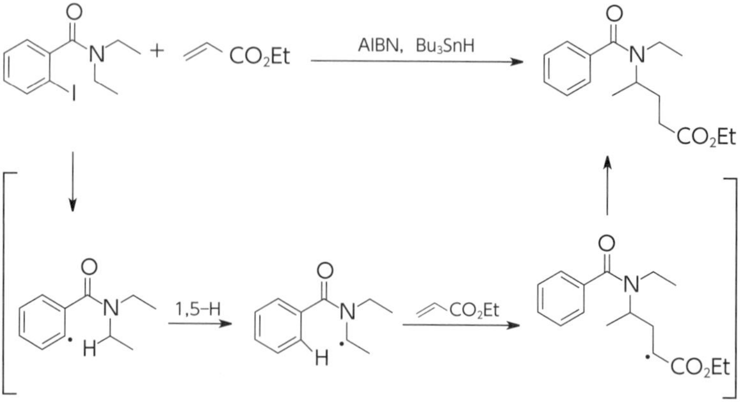

図 8·7 アリールラジカルによる 1,5–水素移動反応

ンに捕捉される．この反応はスズヒドリドを用いるラジカル反応条件で進行するが，テトラブチルアンモニウムシアノボロヒドリドを用いた系でも同様に進行する．

分子間反応による位置選択的な C–H 結合の開裂

臭化アリルや臭化ビニルを用いた位置選択的な C–H/C–C 変換反応が報告されている(図8·8)．これらの例では結合の弱い炭素–水素結合から臭素ラジカルによる水素引抜きにより位置選択的変換が達成されているが，最初の例の場合，メチレン炭素上での生成物も 10% 以上副生しており，選択性は完全ではない．

ポリオキソデカタングステートは可視光による光照射で励起され，アルカンから水素を可逆的に引き抜くことが知られている．とくにテトラブチルアンモニウムを対カチオンとするポリオキソデカタングステート(TBADT)はアセトニトリルやアセトンに可溶な光触媒として C–H/C–C 変換反応を起こす．エチレンを用いた初期の Hill らによる研究例では収率は高くなかったが，Fagnoni らの Pavia 大学のチームがアルキルラジカルの求核性を活かした電子不足オレフィンが共存する系を用いると収率のよい反応となった(図8·9(a))．また図8·9(b)は一酸化炭素との組み合わせによる非対称ケトンの合成例であり，光触媒による反応機構をあわせて示した．

これらの研究において一般にシクロアルカンが基質として用いられる理由は，先ほどのトリフロンの研究例でもそうであるが，C–H 結合からの水素引抜きにおける位置選択性の問題を回避するためである．一方，シクロペンタノンにおいては，引き抜かれるべき水素はカルボニル基の α 位と β 位の 2 種類が存在する．しかし TBADT を光触媒とする反応系では β 位での位置選択的な C–H/C–C 変換反応が見出されている(図8·10)．この反応結果は，水素引抜きの遷移状態における極性効果を考えること

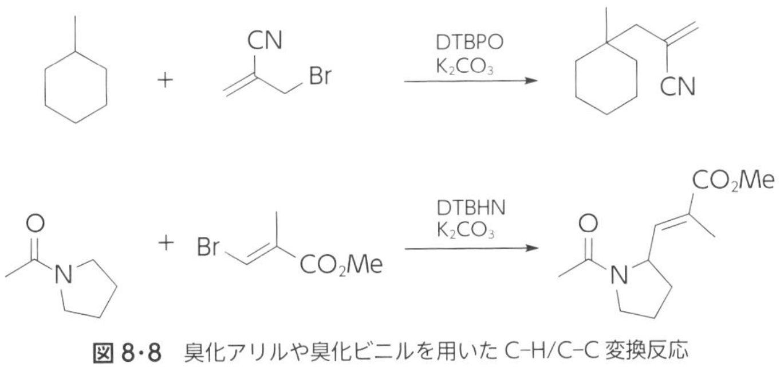

図 8·8 臭化アリルや臭化ビニルを用いた C–H/C–C 変換反応

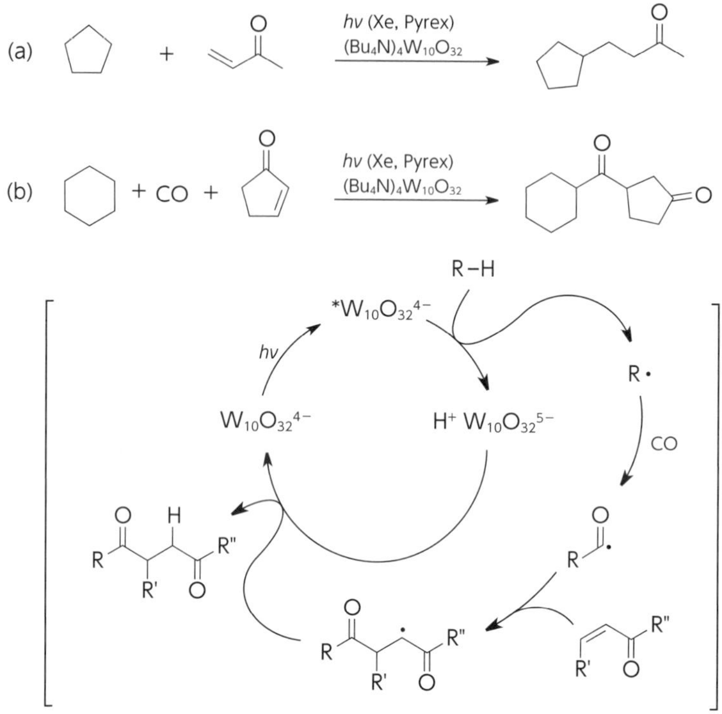

図 8·9　ポリオキソデカタングステートを光触媒とする C–H/C–C 変換反応と反応機構

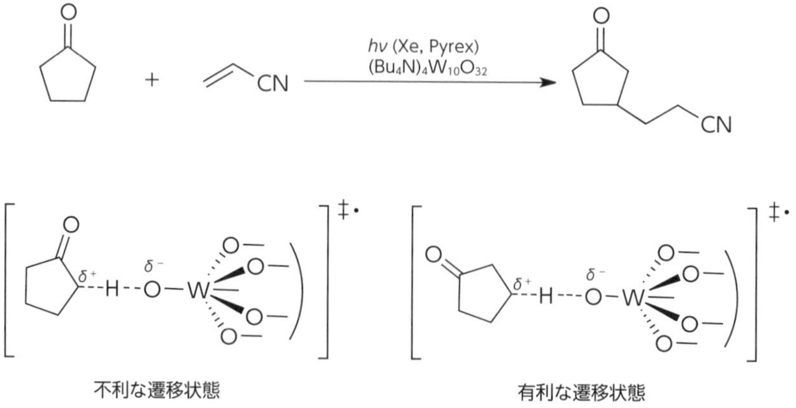

不利な遷移状態　　　　　　　　有利な遷移状態

図 8·10　シクロペンタノンへの位置選択的 C–H/C–C 変換反応

によって説明が可能である．すなわち，タングステート触媒の酸素を δ^- としたとき，水素をもつ炭素は δ^+ となる必要があるが，カルボニル基の α 位では δ^+ は不安定化されるため不利な遷移状態となる．異なる C–H 結合の比較では結合解離エネルギーを反映し，メチル＜メチレン＜メチンの順で水素は引き抜かれやすい．

その後，柳らはラジカル極性効果とラジカル立体効果の相乗作用で，数々の位置選択的な分子間 C–H 結合の開裂とそれにつづく C–C 結合形成反応例を提出した．図 8·11 においては置換シクロヘキサノンを用いて達成された C–H 結合の位置選択的なアルキル化反応の例について示した．

最近の研究では過硫酸塩から加熱条件で発生させたサルフェートラジカルがデカタングステートイオンと同一の位置選択性で水素引き抜き反応を生起させることが明らかとなっている．このことは類似の極性支配型の遷移状態を経由している可能性が高い．図 8·12 には BPSE（1,2-ビス（フェニルスルホニル）エチレン）をラジカル捕捉試薬としたアルケニル化の例を示した．

White らによる図 8·13 の例は，鉄(II)触媒を用い，過酸化水素を酸化剤としたメチン炭素上での位置選択的な酸化反応である．過酸化水素により Fe(II) が酸化され Fe(IV)＝O 種が生成し，この Fe(IV)錯体が水素原子を引き抜き，反応が進行すると考えられている．また酸化の位置選択性は図 8·10 の例のように，水素引抜きにおける遷移状態での極性効果の発現によるものと推察される．

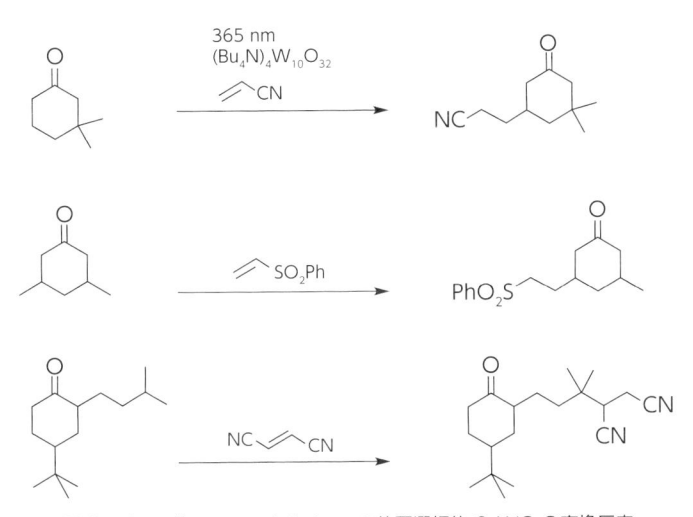

図 8·11　置換シクロヘキサノンへの位置選択的 C–H/C–C 変換反応

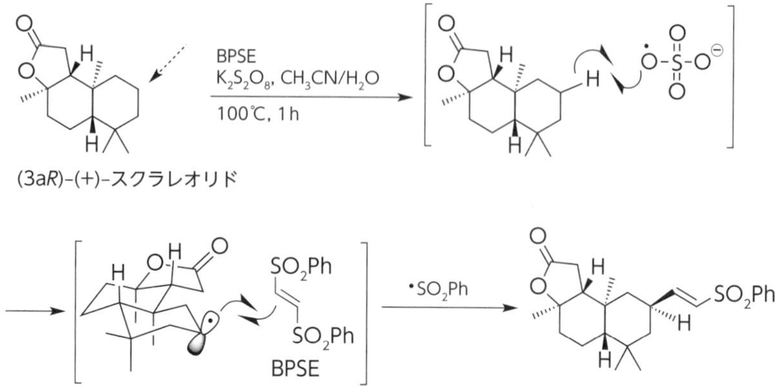

図 8·12 サルフェートラジカルによるスクラレオリドの位置選択的 C-H アルケニル化反応

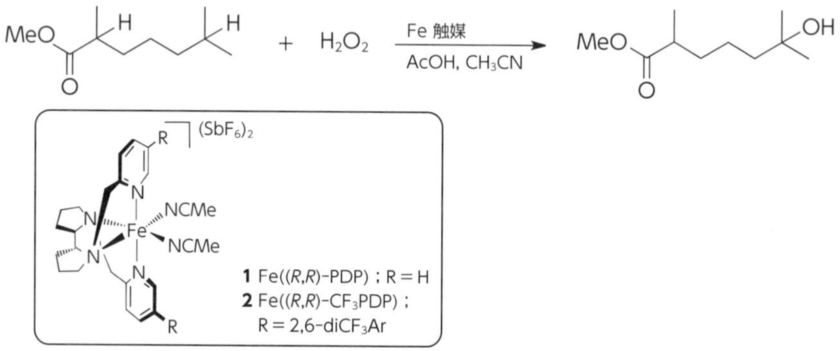

図 8·13 位置選択的なメチン炭素上での酸化反応

　井上らはベンゾフェノンを増感剤とする光反応系で C-H アリール化を達成している. 図 8·14 の例では光励起されたベンゾフェノンがブチルチオフェンの α 位での水素引抜きを行い，シアノピリジンへの電子移動で生成するラジカルとのカップリングとつづく芳香族化により生成物が得られている.

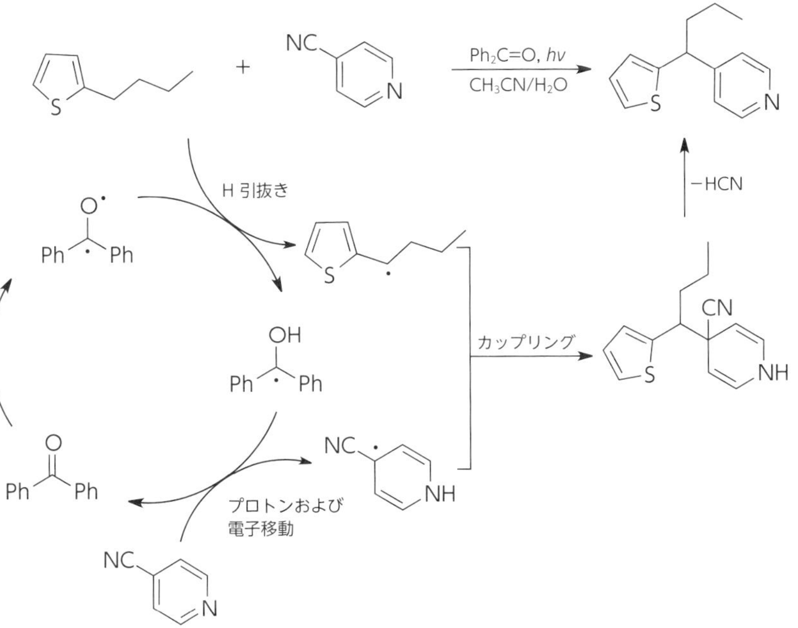

図 8·14 光照射系での C–H アリール化反応

演習で理解しよう　ラジカル反応のメカニズム：8

A. 次の各反応の反応機構を示せ.

(1)

89 : 11

(2)

(3)

B. 次の各反応の反応機構を芳香環化に留意して考察せよ.

(1)

(2)

9

制御ラジカル重合の考え方

ラジカル重合反応

　ラジカル重合はポリマー合成の手段として産業界に広く用いられている．ラジカル重合は連鎖型ラジカル反応で生起する．エチレンのラジカル重合反応によるポリエチレンの合成を図9·1に示す．この反応では最初に少しだけラジカル種を系中に生成させることで反応は連鎖的に進行し，ポリエチレンが生成する．たとえば，AIBN をラジカル開始剤として加えた場合，熱または光で分解し，シアノプロピルラジカルが発生した後，高濃度で存在するエチレンに付加を起こし，さらにほかのエチレン分子に付加反応を繰り返すことで重合反応は連鎖的に進行する．なおエチレンのラジカル重合は低密度ポリエチレン（分岐型）を生成することが知られている．この場合は分子内

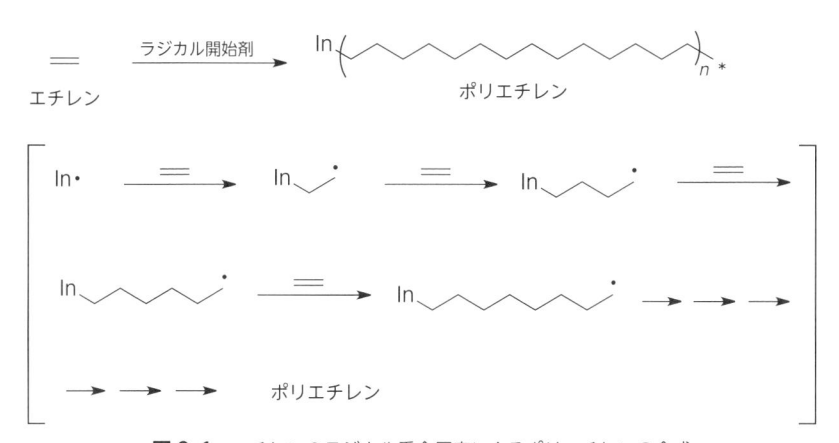

図9·1　エチレンのラジカル重合反応によるポリエチレンの合成

の水素引抜きによって，末端から内部にラジカルが移動することで，分岐型ポリエチレンとなる．やがてエチレンが消費され，ラジカル同士のカップリングや不均化のほかに溶媒などからの水素引抜きにより連鎖反応が止まる．同様なラジカル重合手法を用いて，ポリプロピレン，ポリアクリロニトリル，ポリアクリル酸メチル，ポリスチレンなどさまざまなポリマーを合成することができる．

　ここで，これまで本書で述べてきたラジカル付加反応とラジカル重合反応の関連について，アクリロニトリルの重合をもとに考えてみる．アクリロニトリルの重合活性種は電子求引基であるシアノ基の α 位のラジカルであり，求電子的ラジカルである．しかし，電子不足アルケンであるアクリロニトリルへ付加が次々と起こっていくことに奇異な気がするかもしれない．しかし，もとより，オレフィンの重合過程は弱い π 結合が消失し，より強い σ 結合が形成される反応であり，熱力学的に優位な発エルゴン的反応過程である．より速い競争的反応過程がない条件下では，熱的にエネルギーを供給することで付加反応が主たる反応経路として進行することは，至極当然のことである．この系に電子豊富なビニルエーテルを共存させると，交互の重合を起こすことができる．

　重合反応の生成物は分子量の異なるポリマー分子の集合体であるが，究極的には分子量の分布が少ないポリマー合成が理想であり，その意味から，制御重合(controlled polymerization)を目指した研究が活発に行われている．とくにメタクリル酸メチルの制御重合は生成するポリマーの用途が大きく，市場の要求性も高い．ポリマーの多分散度を示す値として PDI(polydispersity index：多分散指数)がよく用いられ，その値は $M_\mathrm{w}/M_\mathrm{n}$ で定義される．このとき，M_w は全体に対して占める重量の割合を考慮した重量平均分子量であり，M_n は重量を考慮しない数平均分子量で，系全体の全重量を分子数で割ったもので分子一つあたりの分子量の平均である．通常の低分子で単一分子を与える場合においては，$M_\mathrm{w}=M_\mathrm{n}$ であり，PDI は 1 となる．一方，高分子の場合は分子量分布をもつことから，$M_\mathrm{w} > M_\mathrm{n}$ となる．すなわち，分子量分布が少ないポリマーの PDI は 1 に近づく．分子量の制御とともに，分子量がそろった小さな PDI 値が期待できることから，リビングラジカル重合の研究がさかんに行われている．ここでリビングというのは，あたかも活性種が生きているように，モノマーを追加することで重合が継続されることと関連しているが，より広い意味の用語として制御ラジカル重合(controlled radical polymerization)を用いることが多い．

リビングラジカル重合反応とその種類 | *155*

リビングラジカル重合反応とその種類

　2 章にて，TEMPO 置換のマロン酸エステルの 1-ヘキセンへの付加が，Fischer に
よって提唱された概念である persistent radical(PR) と transient radical(TR) の組み合
わせによって生起することを示した．この persistent radical と transient radical の概
念はニトロキシド媒介によるリビングラジカル重合(あるいは制御ラジカル重合)に適
用できる．ニトロキシド媒介によるリビングラジカル重合は 1993 年，George らに
よって初めて報告された．彼らは過酸化ベンゾイルとスチレンの重合反応に TEMPO
を加えて反応を行った結果，分子量の多分散度を示す PDI の値が 1.27 となり，かな
り分子量のそろったポリスチレンが得られることを報告した．また Hawker らはこの
ようなアルコキシアミンを単離し，これをスチレンの重合反応に用いることでリビン
グラジカル重合が進行することを確認した．これら George，Hawker らの先駆的な
報告以降，アルコキシアミンやニトロキシドの開発が行われるようになった．図 9·2
に AIBN を開始剤とし，TEMPO 共存系でのスチレンのリビングラジカル重合の例を
示した．連鎖ラジカルであるベンジル位のラジカルは TEMPO によって捕捉される．
しかしこのベンジル炭素と TEMPO の酸素の結合が弱く，加熱により，再びホモリ
シスを起こし，より分子量の大きなポリマーへと重合が起こる．TEMPO は安定なラ
ジカルであり，ホモカップリングを起こすことはなく，再度，重合が起こった後，ベ
ンジルラジカルとカップリングする．したがって，安定型ラジカルである TEMPO

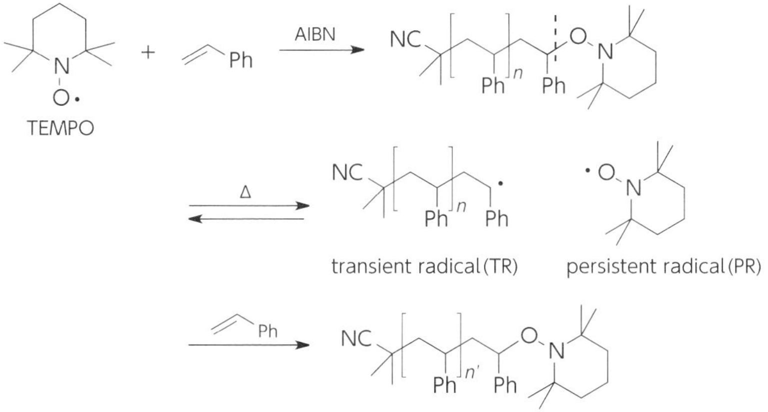

図 9·2　TEMPO を用いるスチレンのリビングラジカル重合

は persistent radical に分類され，これと対をなすポリマーのベンジルラジカルが transient radical となる．

リビングラジカル重合を2種類のモノマーを用いたブロック共重合に応用することは容易である．図9·3に TEMPO 誘導体を開始剤としたアクリル酸ブチルとスチレンのブロック共重合の例を示す．まずホモリシスによって生成したフェネチルラジカルが，アクリル酸ブチルに付加することでアクリル酸ブチルのラジカル重合が始まる．アクリル酸ブチルを消費後に生成するポリマーラジカルは最終的に TEMPO と結合する．このポリマー種はドーマント種(休眠した状態の活性種)として定義される．つづいてスチレンを加え加熱すると，再びドーマント種のホモリシスが起こり，スチレンのラジカル重合が始まる．このようにして，前半をポリアクリル酸ブチル，そして後半はポリスチレンとするブロック共重合体を容易につくることができる．

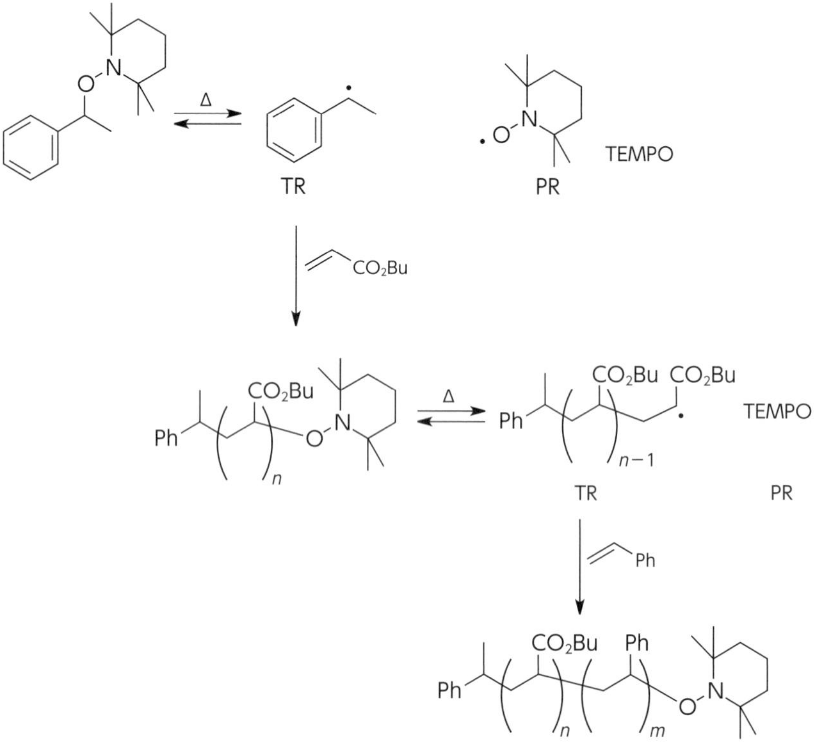

図9·3 TEMPO 誘導体を用いるラジカルブロック共重合

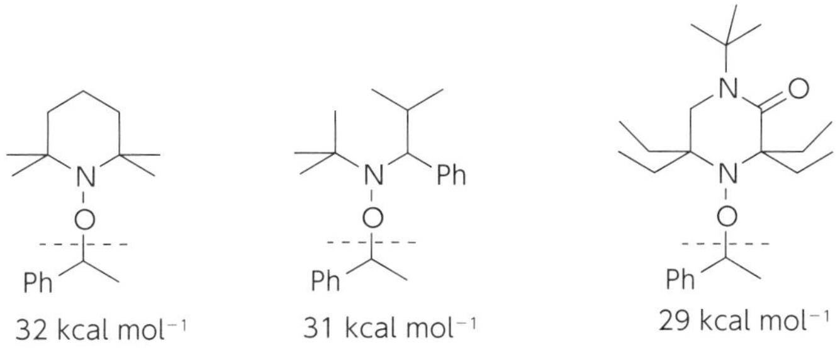

32 kcal mol⁻¹ 31 kcal mol⁻¹ 29 kcal mol⁻¹

図 9·4 NMP で利用可能なニトロキシド誘導体の例と炭素–酸素結合解離エネルギー

　これらの例のようにニトロキシドの媒介によるラジカル重合を，一般に NMP（nitroxide mediated polymerization）という．現在ではさまざまな TEMPO 関連のニトロキシドが合成され，それぞれの特性をもった NMP が追求されている．たとえば，図 9·4 に示した二つのニトロキシド誘導体はそれぞれ TEMPO 誘導体より弱い炭素–酸素結合をもつことから，より温和な条件下での NMP に利用されている．

　Tordo らが SG1 と名付けた *β*–リン酸化ニトロキシド（*N*–(2–メチルプロピル)–*N*–(1–ジエチルホスホノ–2,2–ジメチルプロピル)–*N*–オキシル）から誘導されるアルコキシアミンは BlocBuilder MA®の商標で市販されている．この化合物を使用して水あるいは水性分散媒体で重合反応が実行でき NMP の可能性が広がった．最近では熱効率のよいコンパクトなフローリアクターを用いた重合研究もさかんである．図 9·5 に示した例は福山，高林らによる BlocBuilder MA®のブロック共重合へのフローリアクターの適用例である．

　原子移動型付加反応を応用したリビングラジカル重合は原子移動型ラジカル重合（atom transfer radical polymerization：ATRP）と称され，1995 年に澤本と Matyjaszewski が独立に研究成果を発表して以来，大きく発展してきた．最初の例は，澤本らは RuCl₂(PPh₃)₂を，Matyjaszewski らは塩化銅とビピリジン配位子を用いた研究であったが，これまでに金属塩の種類や配位子の種類について検討が大きく進展している．図 9·6 に ATRP の例として，塩素原子移動を基軸とするメタクリル酸メチルのリビングラジカル重合を示す．この例では触媒量の RuCl₂(PPh₃)₃を用いているが，その役割はラジカルへの塩素原子移動とこれによって生成したドーマント種(休眠種)からの塩素原子引抜きを，レドックス(酸化還元)反応により司ることである．有機ハロゲン化合物をドーマント種として，この例のようにルテニウムや銅ハロゲン化物などの遷移金属触媒錯体のレドックス反応を利用することで，可逆的にラジカル

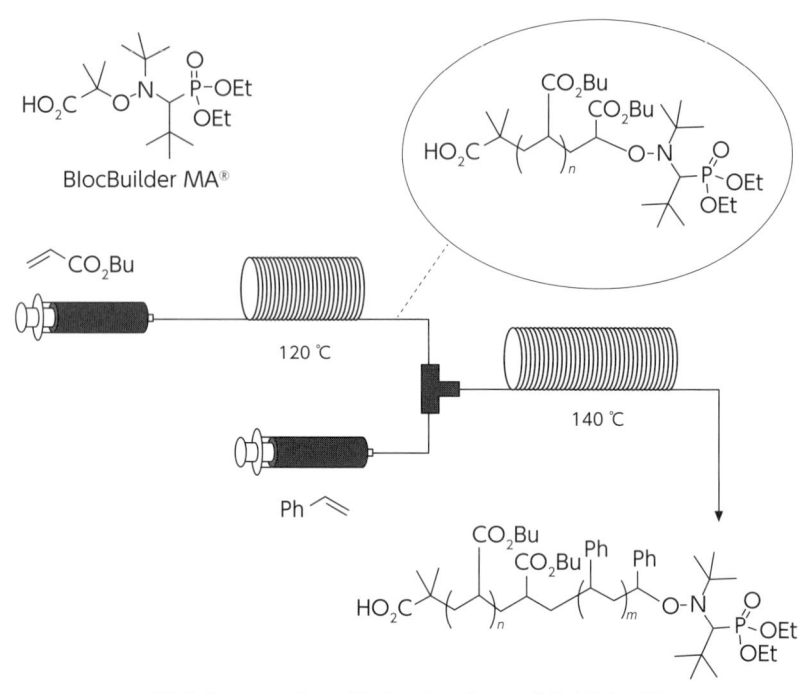

図 9・5 フロー系での NMP によるブロック共重合反応の例

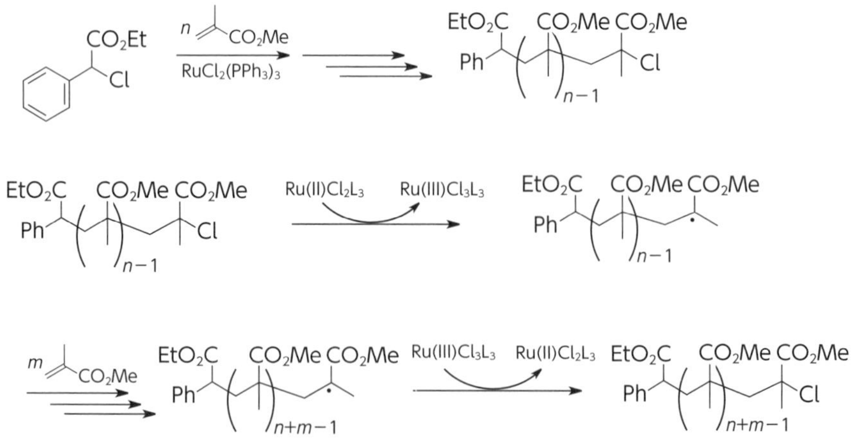

図 9・6 触媒量の RuCl₂(PPh₃)₃ を用いるメタクリル酸メチルの原子移動型ラジカル重合

種を発生させ，重合を制御することができる．

　NMP や ATRP 以外のリビングラジカル重合の手法も開発されている．Rizzardo ら によって研究された RAFT（reversible addition-fragmentation chain transfer polymeri-zation：可逆的付加-開裂連鎖移動重合）は，トリチオカーボネートやジチオエステル，キサントゲン酸エステルなどのチオカルボニル化合物をドーマント種として用い，これとラジカル種との可逆的な付加開裂反応によりラジカル種を発生させる重合法である（図9·7）．Zard によるキサントゲン酸エステルを用いたアルケンへのグループ移動反応を重合反応の基盤としている重合法と見なすことができる．以下の図9·7にはスチレンの制御重合の例を示した．

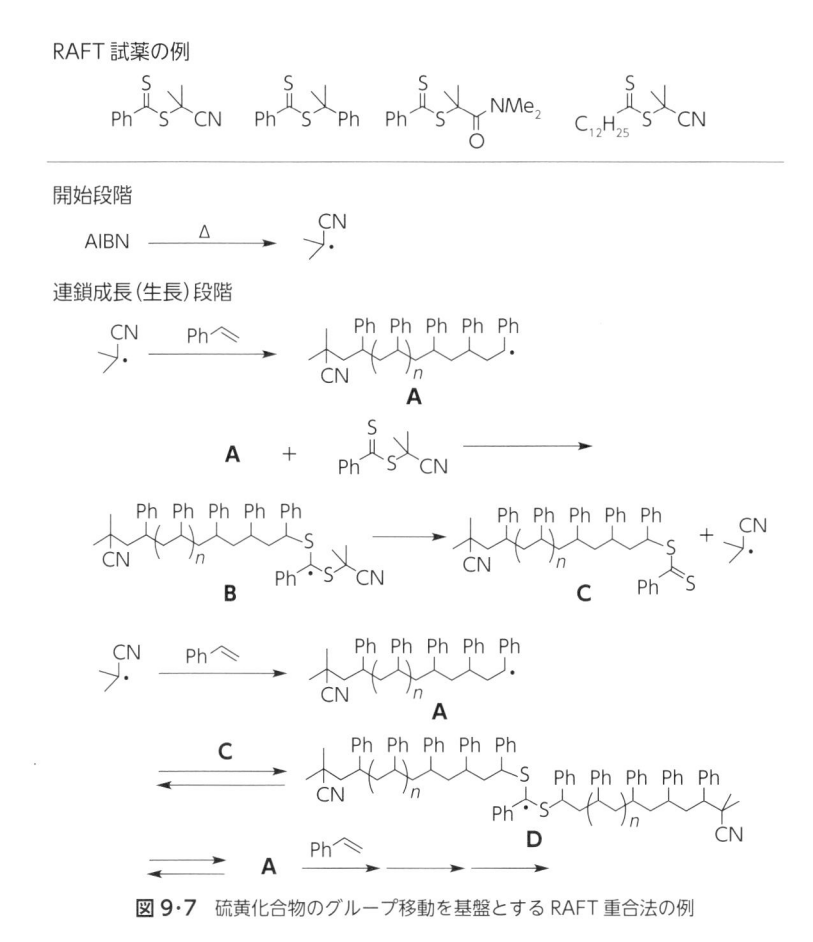

図 9·7　硫黄化合物のグループ移動を基盤とする RAFT 重合法の例

　山子らは有機テルル化合物のきわめて高いグループ移動能力に基盤をおいた新しい
リビングラジカル重合法の開発に成功したが，さらに有機アンチモンやビスマス試薬
を用いるグループ移動型重合への応用にも成功している．図9·8には有機テルル化合
物を用いる重合反応例を示した．このユニークな重合法は工業プラントの建造に発展
している．

　5章でパラジウムの二核錯体に対する光照射により PdX ラジカル種を発生する反
応について述べたが，この系をアクリル酸メチル(MA)の制御重合に応用した研究が
隅野，柳らにより報告されている(図9·9)．光をオフにしたときには重合は停止し，
光照射をオンにすると重合は再び継続することからドーマント種は D のような α-Pd
エステルが提案されている

　南洋工科大学の後藤らは安価にして容易に入手可能な有機ヨウ素化合物を開始剤と
して活用した制御ラジカル重合法を開発している．ここでは可逆的配位媒介重合法
(RCMP：reversible complexation mediated polymerization) と名づけられた重合法に
ついて，メタクリル酸メチル(MMA)の制御ラジカル重合を例に図9·10に示す．こ
の例ではテトラブチルアンモニウムヨージドを触媒とし，シアノイソプロピルヨージ
ドを開始剤の前駆体とした場合，ヨウ化物イオンとシアノイソプロピルヨージドとの
ヨウ素間相互作用を経て平衡下にヨウ素原子移動が起こり，シアノプロピルラジカル
が生成する．シアノプロピルラジカルはラジカル開始剤としてはたらき MMA の重
合が進行する．最終的に重合末端の炭素ラジカルはヨウ素分子のラジカルアニオンか
らヨウ素原子を引抜きポリマーのヨウ素化物とテトラブチルアンモニウムヨージドを
与える．

図 9·8　有機テルル化合物を用いるアクリル酸メチルのグループ移動型リビングラジカル重合

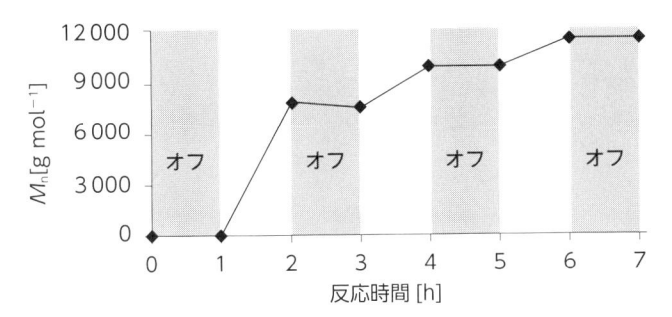

開始段階

連鎖成長（生長）段階

図 9·9　光照射条件での Pd–Pd 化合物を用いるアクリル酸メチルのラジカル重合

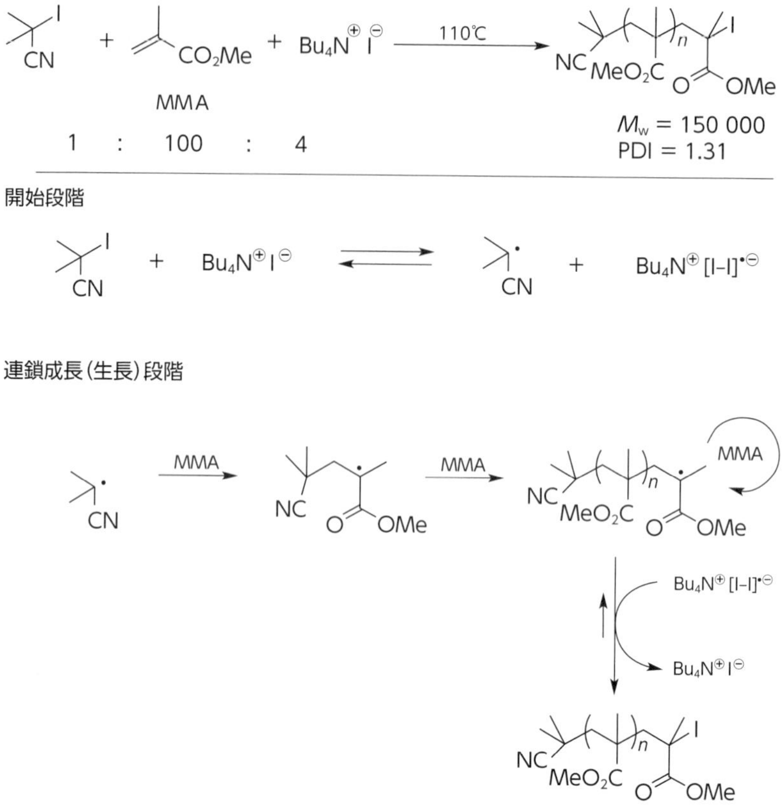

開始段階

連鎖成長（生長）段階

図 9·10 ヨウ素結合を活用したメタクリル酸メチル（MMA）の制御ラジカル重合

コラム 11 | プラスチックの光触媒と酸素による分解

　汎用プラスチックの生産は安価で効率的である．しかし，多くのプラスチックは完全には分解されずに自然界に残留するため，深刻な環境問題を引き起こしている．酸化的分解は，プラスチックをオリゴマーや小さな酸化生成物に分解する強力な方法であり，従来は外部刺激として熱エネルギーが用いられてきたが，最近の光化学の進歩により，温和な条件下でのポリマーの光触媒酸化分解が可能になった．たとえば Stache らは酸素存在下，$FeCl_3$ と光を用いたポリスチレンの酸化分解反応を達成している．$Fe(III)Cl_4^-$ の光照射により，LMCT(ligand to metal charge transfer)機構によって生成する塩素ラジカルによる水素引抜きによりアルキルラジカルが生成する．次に，酸素への付加，Fe(II)種による還元によるFe(III)の再生とオキシラジカルの生成，つづく β 開裂により分解が開始される．

図　ポリスチレンの光酸化的分解法

10

有用な反応速度定数と酸化還元電位

反応速度定数

ラジカル置換反応

		k_{25} [M^{-1}s^{-1}]		k_{25} [M^{-1}s^{-1}]
RCH$_2$•	Et$_3$Si-H	7.0×10^3	t-BuS-H	8.0×10^6
	(TMS)$_3$Si-H	3.8×10^5	Cl$_3$C-Cl	1.2×10^4
			Cl$_3$C-Br	1.6×10^8
	(cyclohexadiene)	2.0×10^5 (k_{50})	EtO$_2$CCH$_2$-Br	7.0×10^4 (k_{50})
	Bu$_3$Sn-H	2.4×10^6	EtO$_2$CCH$_2$-I	2.6×10^7 (k_{50})
	(C$_6$H$_{11}$)$_2$P-H	7.0×10^5 (k_{50})	PhS-SPh	1.7×10^5

ラジカル付加反応（その1）

$k_{25} = 1.9 \times 10^6$ M^{-1} s^{-1} ; 3.4×10^5 s^{-1} → RS•

$k_{23} = 1.5 \times 10^4$ M^{-1} s^{-1} ; $k_{add}/k_{frag} = 0.0001$ → ArS•

$k_{23} = 4.6 \times 10^5$ M^{-1} s^{-1} ; $k_{add}/k_{frag} = 0.5$ → ArS–CN•

$k_{23} = 1.9 \times 10^6$ M^{-1} s^{-1} ; $k_{add}/k_{frag} = 11$ → ArS–CO$_2$Me•

$k_{26} = 8.8 \times 10^7$ M^{-1} s^{-1} → Bu$_3$Sn–CN•

$k_{29} = 1.1 \times 10^9$ M^{-1} s^{-1} → Et$_3$Si–CN•

$k_0 = 5.9 \times 10^5$ M^{-1} s^{-1} → •–CN

ラジカル付加反応（その2）

$k_0 = 4.3 \times 10^6 \ M^{-1}s^{-1}$

$k_{25} = 10^2 \sim 10^3 \ M^{-1}s^{-1}$

$k_{20} = 2.0 \times 10^6 \ M^{-1}s^{-1}$

$k_{20} = 1.0 \times 10^5 \ M^{-1}s^{-1}$

$k_{20} = 4.2 \times 10^3 \ M^{-1}s^{-1}$

$k_{20} = 9.6 \times 10^3 \ M^{-1}s^{-1}$

$k_{20} = 1.1 \times 10^3 \ M^{-1}s^{-1}$

$k_{23} = 5.0 \times 10^5 \ M^{-1}s^{-1}$

$k_{23} = 1.9 \times 10^6 \ M^{-1}s^{-1}$

$k_{23} = 6.0 \times 10^4 \ M^{-1}s^{-1}$

$k_{23} = 8.4 \times 10^4 \ M^{-1}s^{-1}$

$k_{23} = 5.0 \times 10^4 \ M^{-1}s^{-1}$

ラジカル環化反応（その1）

R・	k_{exo}	k_{endo} [s^{-1}](25℃)
	2.3×10^5	4.1×10^3
	5.4×10^3	7.5×10^2
	$< 7 \times 10^{-1}$	1.2×10^2
	5.3×10^3	9.0×10^3
	3.5×10^5	6.0×10^3
	3.6×10^6	1.0×10^5

ラジカル環化反応（その2）

R・	k_{exo}	k_{endo} [s^{-1}]（25°C）
	3.1×10^8	6.0×10^6
	4.0×10^7	—
	5.0×10^5	—
	4.0×10^8	—
	7.6×10^7	—
	1.0×10^4	—

ラジカル開裂反応

			k_{25} [s^{-1}]
	$\longrightarrow$		9.8×10^3
	$\longrightarrow$	$+$ CO_2	1.2×10^5
	$\longrightarrow$	$+$ $\cdot CH_3$	1.0×10^4
	$\longrightarrow$	$+$ $\cdot CH_3$	3.7×10^5
	$\longrightarrow$	$+$ CO_2	2.0×10^6
	$\longrightarrow$		7.8×10^7
	$\longrightarrow$		2.5×10^8
	$\longrightarrow$		2.7×10^{11}
	$\longrightarrow$		1.3×10^{11}
	$\longrightarrow$		7.0×10^{11}

酸化還元電位

還元試薬または触媒の酸化電位と有機基質の還元電位の比較

数値は測定条件によって異なるため概数である．PC* は光励起状態の触媒種．

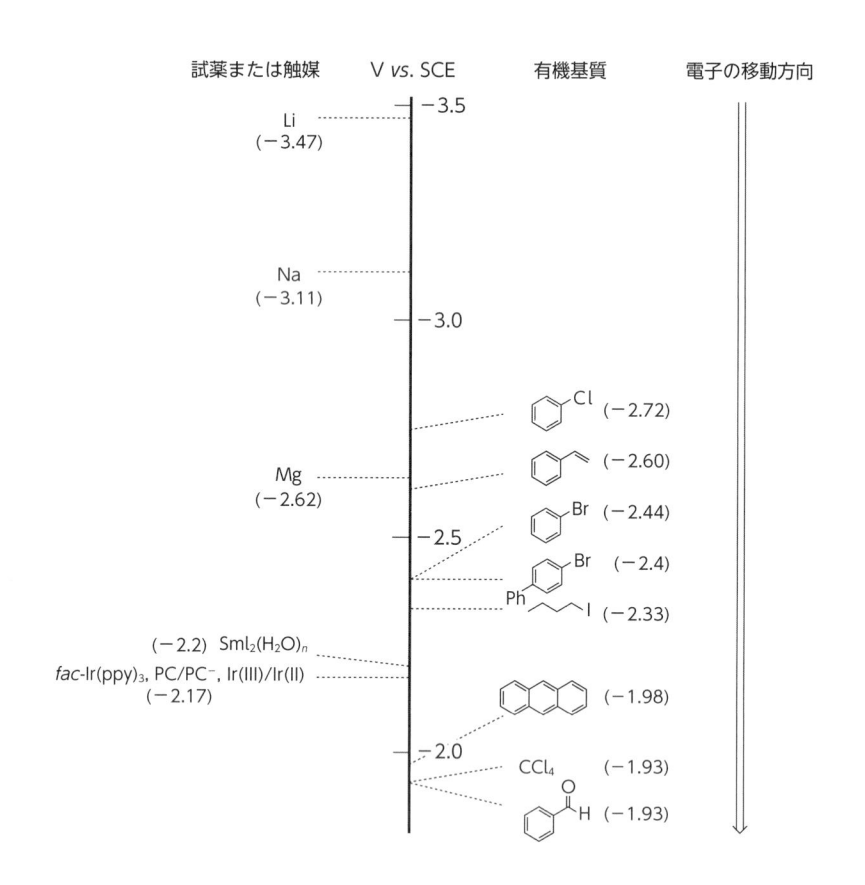

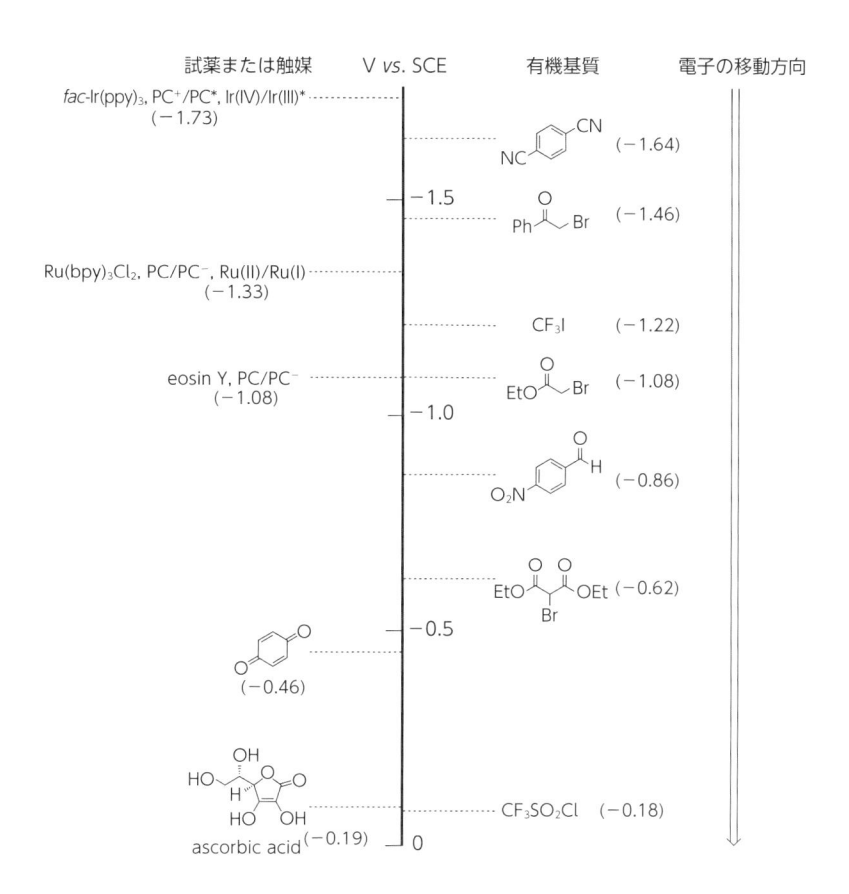

酸化試薬または触媒の還元電位と有機基質の酸化電位の比較

数値は測定条件によって異なるため概数である. PC* は光励起状態の触媒種.

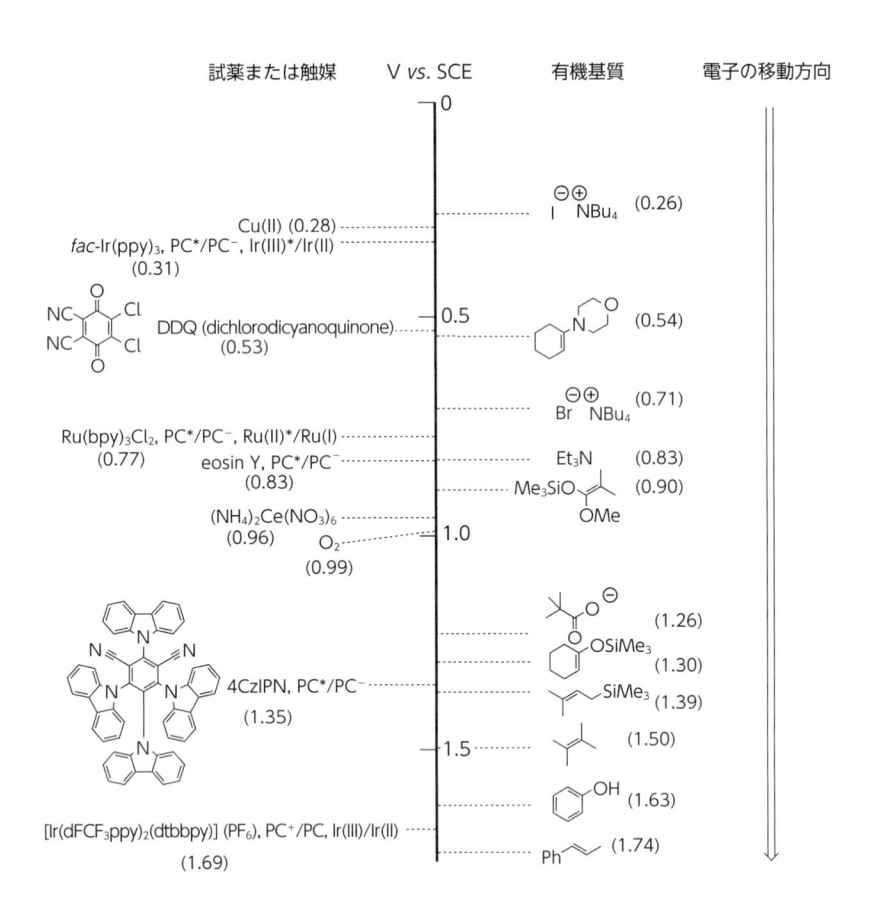

| 試薬または触媒 | V *vs.* SCE | 有機基質 | 電子の移動方向 |

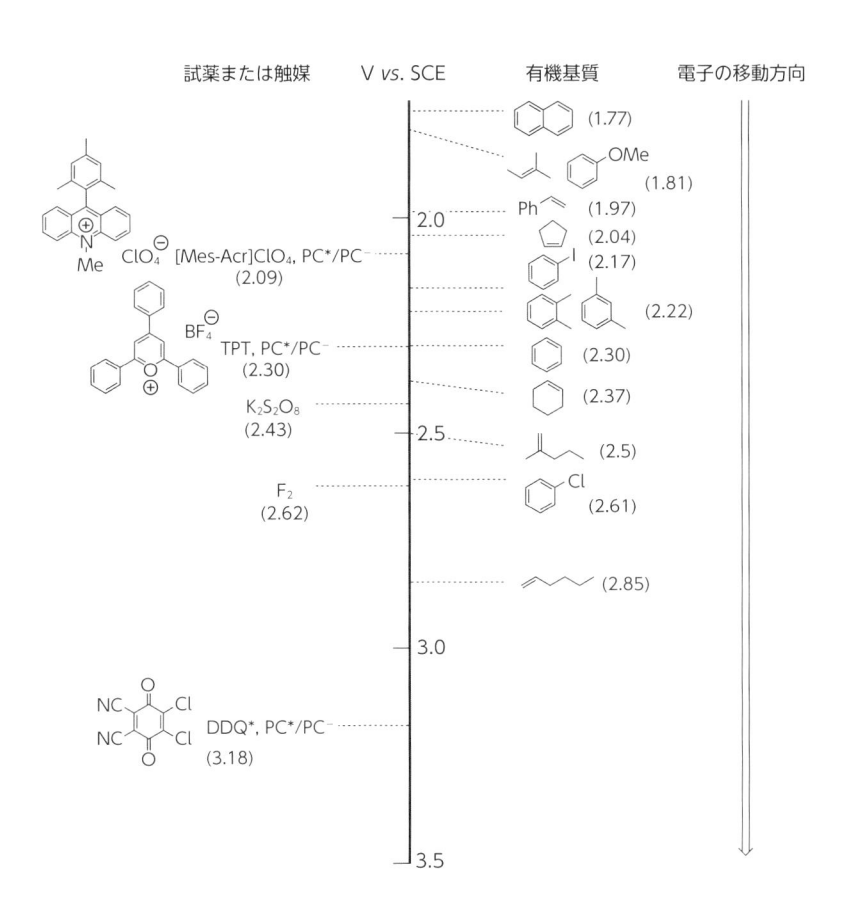

| 試薬または触媒 | V *vs.* SCE | 有機基質 | 電子の移動方向 |

11
さらなる学びのための参考文献

第1章

- Renaud, P.; Sibi, M. P.（Eds.）*Radical in Organic Synthesis*, Vol. 1 and 2; Wiley-VCH: Weinheim, 2001.
- Bunce, N. J. *Introduction to the Interpretation of Electron Spin Resonance Spectra of Organic Radicals. J. Chem. Educ.* **1987**, *64*, 907–914.
- Chatgilialoglu, C.; Studer, A.（Eds.）*Encyclopedia of Radicals in Chemistry, Biology and Materials*; John Wiley & Sons: Chichester, 2012.
- Parsons, F. *An Introduction to Free Radical Chemistry*; Blackwell Science: Oxford, 2000.
- Perkins, M. J. *Radical Chemistry: The Fundamentals*; Oxford University Press: Oxford, 2000.
- Zard, S. Z. *Radical Reactions in Organic Synthesis*; Oxford University Press: Oxford, 2003.
- Giese, B. *Radicals in Organic Synthesis: Formation of Carbon-Carbon Bonds*; Pergamon Press: Oxford, 1986.
- Curran, D. P. *The Design and Application of Free-radical Chain Reactions in Organic Synthesis. Part 1 and 2. Synthesis* **1988**, 417–439 & 489–513.
- Motherwell, W. B.; Crich, D. *Free Radical Chain Reactions in Organic Synthesis*; Academic Press: London, 1992.
- 野依良治 編，"大学院講義有機化学 I 第2版"，東京化学同人，2019.
- 東郷秀雄，"有機合成のためのフリーラジカル反応"，丸善出版，2014.
- 日本化学会 編，"有機化合物の合成Ⅶ（第5版 実験化学講座19）"，丸善，2004.

第2章

- Beckwith, A. L. J. *Regio-selectivity and Stereo-selectivity in Radical Reactions. Tetrahedron* **1981**, *37*, 3073–3100.
- Chatgilialoglu, C.; Crich, D.; Komatsu, M.; Ryu, I. *Chemistry of Acyl Radicals. Chem. Rev.* **1999**, *99*, 1991–2069.
- Rowlands, G. J. *Radicals in Organic Synthesis. Part 1 and 2. Tetrahedron* **2009**, *65*, 8603–8655; *ibid.* **2010**, *66*, 1593–1636.
- Dénès, F.; Pichowicz, M.; Povie, G.; Renaud, P. *Thiyl Radicals in Organic Synthesis. Chem. Rev.* **2014**, *114*, 2587–2693.
- Fischer, H. *The Persistent Radical Effect: A Principle for Selective Radical Reactions and Living Radical Polymerizations. Chem. Rev.* **2001**, *101*, 3581–3610.

· Leifert, D.; Studer, A. *The Persistent Radical Effect in Organic Synthesis*. *Angew. Chem. Int. Ed.* **2020**, *59*, 74–108.
· Egloff, G.; Schaad, R. E.; Lowry, Jr., C. D. *The Halogenation of the Paraffin Hydrocarbons*. *Chem. Rev.* **1931**, *8*, 1–80.
· Roberts, B. P. *Polarity-Reversal Catalysis of Hydrogen-Atom Abstraction Reactions: Concepts and Applications in Organic Chemistry*. *Chem. Soc. Rev.* **1999**, *28*, 25–35.
· Jenkins, I. D. *Oxygen-carbon β-Bond Effects in Radical Reactions*. *J. Chem. Soc., Chem. Commun.* **1994**, 1227–1228.
· Zytowski, T.; Fischer, H. *Absolute Rate Constants for the Addition of Methyl Radicals to Alkenes in Solution: New Evidence for Polar Interactions*. *J. Am. Chem. Soc.* **1996**, *118*, 437–439.
· Luo, Y. -R. *Comprehensive Handbook of Chemical Bond Energies*; CRC Press: Boca Raton, 2007.
· Sue, X. -S.; Ji, P.; Zhou, B.; Cheng, J. -P. *The Essential Role of Bond Energies in C–H Activation/ Functionalization*. *Chem. Rev.* **2017**, *117*, 8622–8648.

第 3 章

· Giese, B. *Formation of CC Bonds by Addition of Free Radicals to Alkenes*. *Angew. Chem. Int. Ed.* **1983**, *22*, 753–764.
· Gansauer, A.; Shi, L.; Otte, M. Huth, I.; Rosales, A.; Sancho-Sanz, I.; Padial, N. M.; Oltra, J. E. *Hydrogen Atom Donors: Recent Developments*. *Topic in Current Chemistry* **2012**, *320*, 93–120.
· Fokin, A. A.; Schreiner, P. R. *Metal-Free Selective Alkane Functionalizations*. *Adv. Synth. Catal.* **2003**, *345*, 1035–1052.
· Denisov, E. T.; Denisova, T. G.; Pokidova, T. S. *Handbook of Free Radical Initiators*; Wiley-InterScience: Weinheim, 2003.
· Manabe, Y.; Kitawaki, Y.; Nagasaki, M.; Fukase, K.; Matsubara, H.; Hino, Y.; Fukuyama, T.; Ryu, I. *Revisiting the Bromination of C-H Bonds with Molecular Bromine by Using a Photo-Microflow System*. *Chem. Eur. J.* **2014**, *20*, 12750–12753.
· Sumino, S.; Ryu, I. *Bromine-Radical-Mediated Bromoallylation of C-C Unsaturated Bonds: A Facile Access to 1,4-, 1,5-, 1,6-, and 1,7-Dienes and Related Compounds*. *Synlett* **2023**, *34*, 1001–1011.
· Nozaki, K.; Oshima, K.; Utimoto, K. *Et₃B-induced Radical Addition of R₃SnH to Acetylenes and its Application to Cyclization Reaction*. *J. Am. Chem. Soc.* **1987**, *109*, 2547–2549.
· Gilbert, B. C.; Parsons, A. F. *The Use of Free Radical Initiators Bearing Metal-Metal, Metal-Hydrogen and Non-Metal-Hydrogen Bonds in Synthesis*. *J. Chem. Soc., Perkin Trans. 2* **2002**, 367–387.
· Kawamoto, T.; Ryu, I. *Radical Reactions of Borohydrides*. *Org. Biomol. Chem.* **2014**, *12*, 9733–9742.
· Curran, D. P.; Solovyev, A.; Makhlouf Brahmi, M.; Fensterbank, L.; Malacria, M.; Lacote, E. *Synthesis and Reactions of N-Heterocyclic Carbene Boranes*. *Angew. Chem. Int. Ed.* **2011**, *50*, 10294–10317.

第 4 章

· Beckwith, A. L. J.; Schiesser, C. H. *Regio- and Stereo-selectivity of Alkenyl Radical Ring Closure: A Theoretical Study*. *Tetrahedron* **1985**, *41*, 3925–3941.
· Dowd, P.; Zhang, W. *Free Radical-Mediated Ring Expansion and Related Annulations*. *Chem. Rev.* **1993**, *93*, 2091–2115.
· Griller, D.; Ingold, K. U. *Free-radical Clocks*. *Acc. Chem. Res.* **1980**, *13*, 317–323.

· Curran, D. P.; Porter, N. A.; Giese, B. *Stereochemistry of Radical Reaction*; VCH: Weinheim, 1996.
· Shiesser, C. H.; Wille, U.; Matsubara, H.; Ryu, I. *Radicals Masquerading as Electrophiles: Dual Orbital Effects in Nitrogen-Philic Acyl Radical Cyclization and Related Addition Reactions. Acc. Chem. Res.* **2007**, *40*, 303–313.
· Newcomb, M. *Competition Methods and Scales for Alkyl Radical Reaction Kinetics. Tetrahedron* **1993**, *49*, 1151–1176.
· Molander, G. A.; Harris, C. R. *Sequenced Reactions with Samarium(II) Iodide. Tetrahedron* **1998**, *54*, 3321–3354.
· Walton, J. G. *Homolytic Substitution: A Molecular Menage a Trois. Acc. Chem. Res.* **1998**, *31*, 99–107.
· Schiesser, C. H.; Wild, L. M. *Free-Radical Homolytic Substitution: New Methods for Formation of Bonds to Heteroatoms. Tetrahedron* **1996**, *52*, 13265–13314.
· Ryu, I.; Sonoda, N. *Free-Radical Carbonylations: Then and Now. Angew. Chem., Int. Ed.* **1996**, *35*, 1050–1066.
· Tojino, M.; Otsuka, N.; Fukuyama, T.; Matsubara, H.; Ryu, I. *Selective 6-endo Cyclization of the Acyl Radicals onto the Nitrogen of Imine and Oxazoline C-N Bonds. J. Am. Chem. Soc.* **2006**, *128*, 7712–7713.
· Bowman, W. R.; Fletcher, J.; Potts, B. S. *Synthesis of Heterocycles by Radical Cyclisation. J. Chem. Soc. Perkin Trans. 1* **2002**, 2747–2762.
· Matsubara, H.; Kawamoto, T.; Fukuyama, T.; Ryu, I. *Applications of Radical Carbonylation and Amine Addition Chemistry: 1,4-Hydrogen Transfer of 1-Hydroxylallyl Radicals. Acc. Chem. Res.* **2018**, *51*, 2023–2035.
· Minozzi M.; Nanni, D.; Spagnolo, P. *From Azides to Nitrogen-Centered Radicals: Applications of Azide Radical Chemistry to Organic Synthesis. Chem. Eur. J.* **2009**, *15*, 7830–7840.
· 奈良坂紘一，岩澤伸治 編，"最新有機合成化学(現代化学増刊 43)"，東京化学同人，2005.
· Taniguchi, T.; Ishibashi, H. *Synthesis of Natural Products Using Radical Cascades.* 有機合成化学 **2013**, *71*, 526–533.

第 5 章

· Chen, Q. -Y.; Yang, Z. -Y.; Zhao, C. -X.; Qiu, Z. -M. *Palladium Induced Addition to Fluoroalkyl Iodides to Alkenes: an Electron Transfer Process. J. Chem. Soc., Perkin Trans. 1* **1988**, 563–567.
· Jahn, U. *Radicals in Transition Metal Catalyzed Reactions? Transition Metal Catalyzed Radical Reactions? A Fruitful Interplay Anyway. Topic in Current Chemistry* **2012**, *320*, 121–451.
· Sumino, S.; Fusano, A.; Fukuyama, T.; Ryu, I. *Carbonylation Reactions of Alkyl Iodides through the Interplay of Carbon Radicals and Pd Catalysts. Acc. Chem. Res.* **2014**, *47*, 1563–1574.
· Ryu, I. *Radical Carboxylations of Iodoalkanes and Saturated Alcohols Using Carbon Monoxide. Chem. Soc. Rev.* **2001**, *30*, 16–25.
· Ishiyama, T.; Murata, M.; Suzuki, A.; Miyaura, N. *Synthesis of Ketones from Iodoalkenes, Carbon Monoxide and 9-Alkyl-9-borabicyclo[3.3.1]nonane Derivatives via a Radical Cyclization and Palladium-Catalyzed Carbonylative Cross-Coupling Sequence. J. Chem. Soc., Chem. Commun.* **1995**, 295–296.
· Reinking, M. K.; Kullberg, M. L.; Cutler, A. R.; Kubiak, C. P. *The Photochemistry of Palladium and Platinum Homo- and Heteronuclear Metal-Metal σ-Bonds: Efficient Photogeneration of 15-Electron Radicals. J. Am. Chem. Soc.* **1985**, *107*, 3517–3524.

- Fujita, K.; Yorimitsu, H.; Oshima, K. *Innovative Reactions Mediated by Zirconocene. Chem. Rec.* **2004**, *4*, 110–119.
- Kochi, J. K. *Electron-Transfer Mechanisms for Organomeltallic Intermediates in Catalytic Reactions. Acc. Chem. Res.* **1974**, *7*, 351–360.
- Yanagisawa, S.; Ueda, K.; Taniguchi, T.; Itami, K. *Potassium t-Butoxide Alone Can Promote the Biaryl Coupling of Electron-deficient Nitrogen Heterocycles and Haloarenes. Org. Lett.* **2008**, *10*, 4673–4676.
- Shirakawa, E.; Itoh, K. -I.; Higashino, T.; Hayashi, T. *tert-Butoxide-Mediated Arylation of Benzene with Aryl Halides in the Presence of a Catalytic 1,10-Phenanthroline Derivative. J. Am. Chem. Soc.* **2010**, *132*, 15537–15539.
- Studer, A. *A "Renaissance" in Radical Trifluoromethylation. Angew. Chem. Int. Ed.* **2012**, *51*, 8950–8958.
- Grossi, L. *The Barton Reaction: Can a More Tenable Pathway be Hypothesized for the Formation of Nitrosoalkyl Derivatives? Chem. Eur. J.* **2005**, *11*, 5419–5425.
- RajanBabu, T. V.; Nugent, W. A. *Selective Generation of Free Radicals from Epoxides Using a Transition-Metal Radicals. A Powerful New Tool for Organic Synthesis. J. Am. Chem. Soc.* **1994**, *116*, 986–997.
- Studer, A.; Curran, D. P. *Organocatalysis and C-H Activation Meet Radical and Electron Transfer Reactions. Angew. Chem. Int. Ed.* **2011**, *50*, 5018–5022.
- Bonin, H.; Sauthier, M.; Felpin, F. -X. *Transition Metal-mediated Direct C-H Arylation of Heteroarenes Involving Aryl Radicals. Adv. Synth. Catal.* **2014**, *356*, 645–671.
- Shirakawa, E. *Single Electron Catalyzed Coupling of Aryl Halides.* 有機合成化学 **2014**, *72*, 526–533.
- Studer, A.; Curran, D. P. *The Electron is a Catalyst. Nat. Chem.* **2014**, *6*, 765–773.
- Minisci, F.; Fontana, F.; Vismara, E. *Substitutions by Nucleophilic Free Radicals: A New General Reaction of Heteroaromatic Bases. J. Heterocyclic Chem.* **1990**, *27*, 79–96.
- Seiple, I.; Su, S.; Rodriguez, R. A.; Gianatassio, R.; Fujiwara, Y.; Sobel, A. L. *Direct C-H Arylation of Electron-Deficient Heterocycles with Arylboronic Acids. J. Am. Chem. Soc.* **2010**, *132*, 13194–13916.
- Gansäuer, A.; Bluhm, H. *Reagent-Controlled Transition-Metal-Catalyzed Radical Reactions. Chem. Rev.* **2000**, *100*, 2771–2788.
- Zhang, H.; Shi, R.; Ding, A.; Lu, L.; Chen, B.; Lei, A. *Transition-metal-free Alkoxycarbonylation of Aryl Halides. Angew. Chem. Int. Ed.* **2012**, *51*, 12542–12545.
- Kawamoto, T.; Fukuyama, T.; Picard, B.; Ryu, I. *New Directions in Radical Carbonylation Chemistry: Combination with Electron Catalysis, Photocatalysis and Ring-opening. Chem. Commun.* **2022**, *58*, 7608–7617.
- Szostak, M.; Spain, M.; Procter, D. J. *Determination of the Effective Redox Potentials of SmI$_2$, SmBr$_2$, SmCl$_2$, and their Complexes with Water by Reduction of Aromatic Hydrocarbons. Reduction of Anthracene and Stilbene by Samarium (II) Iodide–Water Complex. J. Org. Chem.* **2014**, *79*, 2522–2537.
- Yoshida, J.; Patureau, F. W. (Eds.) *Organic Redox Chemistry;* Wiley-VCH: Weinheim, 2022.

第 6 章

- Ryu, I.; Sonoda, N.; Curran, D. P. *Tandem Radical Reactions of Carbon Monoxide, Isonitriles, and Other Reagent Equivalents of the Geminal Radical Acceptors/radical Precursor Synthon. Chem. Rev.* **1996**, *96*, 177–194.

· Godineau, E.; Landais, Y. *Radical and Radical-Ionic Multicomponent Processes. Chem. Eur. J.* 2009, *15*, 3044–3055.
· Curran, D. P.; Xu, J.; Lazzarini, E. *Unimolecular Chain Transfer (UMCT) Reactions: Concepts, Preliminary Results with Silicon Hydrides, and Future Potential. J. Chem. Soc., Perkin Trans. 1* 1995, 3049–3059.
· Fusano, A.; Ryu, I. *Synthesis of Carbonyl Compounds by Free-Radical-Mediated Multicomponent Reactions*, in *Science of Synthesis: Multicomponent Reactions 2*; Muller, T. J. J. (Ed.); Georg Thieme: Stuttgart, 2014.
· Zhang, B.; Mück-Lichtenfeld, C.; Daniliuc, C. G.; Studer, A. *6-Trifluoromethylphenanthridines through Radical Trifluoromethylation of Isonitriles. Angew. Chem. Int. Ed.* 2013, *52*, 10792–10795.
· Pattenden, G.; Roberts, L.; Blake, A. J. *Cascade Radical Cyclisations Leading to Polycyclic Diterpenes. Total Synthesis of (±)-Spongin-16-one. J. Chem. Soc., Perkin Trans. 1* 1998, 863–868.
· Kim, S.; Kim, S. *Tin-free Carbon-carbon Bond-Forming reactions based on α-Scission of Alkylsulfonyl Radicals. Bull. Chem. Soc. Jpn.* 2007, *80*, 809–822.
· Hashimoto, T.; Kawamata, Y; Maruoka, K. *An Organic Thiyl Radical Catalyst for Enantioselective Cyclization. Nat. Chem.* 2014, *6*, 702–705.
· Jasperse, C. P.; Curran, D. P.; Fervig, T. L. *Radical Reactions in Natural Product Synthesis. Chem. Rev.* 1991, *91*, 1237–1286.
· Sibi, M. P.; Porter, N. A. *Enantioselective Radical Reactions. Acc. Chem. Res.* 1999, *32*, 163–171.
· Walton, J. C.; Studer, A. *Evolution of Functional Cyclohexadiene-Based Synthetic Reagents: The Importance of Becoming Aromatic. Acc. Chem. Res.* 2005, *38*, 794–802.
· Sibi, M. P.; Manyem, S.; Zimmerman, J. *Enantioselective Radical Processes. Chem. Rev.* 2003, *103*, 3263–3296.
· Sumino, S.; Ryu, I.; Robert, F.; Landais, Y. *2-Bis(phenylsulfonyl)ethylene (BPSE). A Potent Radical C2 Synthon Available in the Radical and Electron-Transfer-Based Organic Synthesis. Synthesis* 2024, *56*, 3233–3246.

第 7 章
· Narayanam, J. M. R.; Stephenson, C. R. J. *Visible Light Photoredox Catalysis: Application in Organic Synthesis. Chem. Soc. Rev.* 2011, *40*, 102–113.
· Tzirakis, M. D.; Lykakis, I. N.; Orfanopoulos, M. *Decatungstate as an Efficient Photocatalyst in Organic Chemistry. Chem. Soc. Rev.* 2009, *38*, 2609–2621.
· Roberts, B. P. *Polarity-reversal Catalysis of Hydrogen-atom Abstraction Reactions: Concepts and Applications in Organic Chemistry. Chem. Soc. Rev.* 1999, *28*, 25–35.
· Prier, C. K.; Rankic, D. A.; Macmillan, D. W. C. *Visible Light Photoredox Cataysis with Transition Metal Complexes: Applications in Organic Synthesis. Chem. Rev.* 2013, *113*, 5322–5363.
· Neumann, M.; Fuldner, S.; Konig, B.; Zeitler, K. *Metal-free, Cooperative Asymmetric Organophotoredox Catalysis with Visible Light. Angew. Chem. Int. Ed.* 2011, *50*, 951–954.
· Kee, C. W.; Chin, K. F.; Wong, M. W.; Tan, C. -H. *Selective Fluorination of Alkyl C-H Bonds via Photocatalysis. Chem. Commun.* 2014, *50*, 8211–8214.
· Pirnot, M. T.; Rankic, D. A.; Martin, D. B. C.; MacMillan, D. W. C. *Photoredox Activation for the Direct β-Arylation of Ketones and Aldehydes. Science* 2013, *339*, 1593–1596.
· Beckwith, A. L. J.; Storey, J. M. D. *Tandem Radical Translocation and Homolytic Aromatic Substitution: a Convenient and Efficient Route to Oxindoles. J. Chem. Soc., Chem. Commun.* 1995,

977–978.

- Larraufie, M. -H.; Courillion, C.; Olliviel, C.; Lacote, E.; Malacria, M.; Fensterbank, L. *Radical Migration of Substituents of Aryl Groups on Quinazolinones Derived from N-Acyl Cyanamides. J. Am. Chem. Soc.* 2010, *132*, 4381–4387.
- Nguyen, J. D.; D'Amato, E. M.; Narayanam, J. M. R.; Stephenson, C. R. J. *Engaging Unactivated Alkyl, Alkenyl and Aryl Iodides in Visible-Light-Mediated Free Radical Reactions. Nat. Chem.* 2012, *4*, 854–859.
- Allen, L. J.; Cabrera, P. J.; Lee, M.; Sanford, M. S. *N-Acyloxyphthalimides as Nitrogen Radical Precursors in the Visible Light Photocatalyzed Room Temperature C-H Amination of Arenes and Heteroarenes. J. Am. Chem. Soc.* 2014, *136*, 5607–5610.
- Romero, N. A.; Nicewicz, D. A. *Organic Photoredox Catalysis. Chem. Rev.* 2016, *116*, 10075–10166.
- MacKenzie, I. A.; Wang, L.; Onuska, N. P. R.; Williams, O. F.; Begam, K.; Moran, A. M.; Dunietz, B. D.; Nicewicz, D. A. *Discovery and Characterization of an Acridine Radical Photoreductant. Nature* 2020, *580*, 76–80.
- Cismesia, M. A.; Yoon, T. P. *Characterizing Chain Processes in Visible Light Photoredox Catalysis. Chem. Sci.* 2015, *6*, 5426–5434.
- Pitre, S. P.; McTiernan, C. D.; Ismaili, H.; Scaiano, J. C. *Mechanistic Insights and Kinetic Analysis for the Oxidative Hydroxylation of Arylboronic Acids by Visible Light Photoredox Catalysis: A Metal-Free Alternative. J. Am. Chem. Soc.* 2013, *135*, 13286–13289.
- Crisenza, G. E. M.; Mazzarella, D.; Melchiorre, P. *Synthetic Methods Driven by Photoactivity of Electron Donor Acceptor Complexes, J. Am. Chem. Soc.* 2020, *142*, 5461–5476.
- Dutta, S.; Erchinger, J. E.; Strieth-Kalthoff, F.; Kleinmans, R.; Glorius, F. *Energy Transfer Photocatalysis: Exciting Modes of Reactivity. Chem. Soc. Rev.* 2024, *53*, 1068–1089.
- Koike, T.; Akita, M. *Fine Design of Photoredox Systems for Catalytic Fluoromethylation of Carbon-Carbon Multiple Bonds. Acc. Chem. Res.* 2016, *49*, 1937–1945.
- Patel, N. R.; Flowers, R. A. II *Uncovering the Mechanism of the Ag(I)/Persulfate-Catalyzed Cross-Coupling Reaction of Arylboronic Acids and Heteroarenes. J. Am. Chem. Soc.* 2013, *135*, 4672–4675.
- 日本化学会 編, "有機光反応の化学(CSJ カレントレビュー 43)", 化学同人, 2022.

第 8 章

- Chen, M. S.; White, M. C. *A Predictably Selective Aliphatic C-H Oxidation Reaction for Complex Molecule Synthesis. Science* 2007, *318*, 783–787.
- White, M. C.; Zhao, J. *Aliphatic C-H Oxidations for Late-Stage Functionalization. J. Am. Chem. Soc.* 2018, *140*, 13988–14009.
- Costas, M. *Selective C-H oxidation catalyzed by metalloporphyrins. Coord. Chem. Rev.* 2011, *255*, 2912–2932.
- Russell, G. A.; Brown, H. C. *The Photobromination of Branched-chain Hydrocarbons; the Dark Reaction of Bromine with Tertiary Alkyl Bromides. J. Am. Chem. Soc.* 1955, *77*, 4025–4030.
- Barton, D. H. R. *The Use of Photochemical Reactions in Organic Synthesis. Pure Appl. Chem.* 1968, *16*, 1–15.
- Majetich, G.; Wheless, K. *Remote intramolecular free radical functionalizations: An update. Tetrahedron* 1995, *51*, 7095–7129.
- Hoshikawa, T.; Inoue, M. *Photoinduced Direct 4-Pyridination of C(sp³)-H Bonds. Chem. Sci.* 2013, *4*, 3118–3123.

· Tsunoi, S.; Ryu, I; Okuda, T.; Tanaka, M.; Komatsu, M.; Sonoda, N. *New Strategies in Carbonylation Chemistry: The Synthesis of δ-Lactones from Saturated Alcohols and CO. J. Am. Chem. Soc.* **1998**, *120*, 8692−8701.

· Ueda, M.; Kamikawa, K.; Fukuyama, T.; Wang, Y. -T.; Wu, Y. -K.; Ryu, I. *Site-Selective Alkenylation of Unactivated C(sp³)-H Bonds Mediated by Compact Sulfate Radical. Angew. Chem. Int. Ed.* **2021**, *60*, 3545−3550.

· Ishii, Y.; Sakaguchi, S.; Iwahama, T. *Innovation of Hydrocarbon Oxidation with Molecular Oxygen and Related Reactions. Adv. Synth. Catal.* **2001**, *343*, 393−427.

· Ravelli, D.; Fagnoni, M.; Fukuyama, T.; Nishikawa, T.; Ryu, I. *Site-Selective C-H Functionalization by Decatungstate Anion Photocatalysis: Synergistic Control by Polar and Steric Effects Expands the Reaction Scope. ACS Catal.* **2018**, *8*, 701−713.

· White, M. C.; Zhao, J. *Aliphatic C-H Oxidations for Late-Stage Functionalization. J. Am. Chem. Soc.* **2018**, *140*, 13988−14009.

· Bellotti, P.; Huang, H. -M. Faber, T.; Glorius, F. *Late-Stage C-H Functionalization. Chem. Rev.* **2023**, *123*, 4237−4352.

· Salamone, M.; Bietti, M. *Tuning Reactivity and Selectivity in Hydrogen Atom Transfer from Aliphatic C-H Bonds to Alkoxyl Radicals: Role of Structural and Medium Effects. Acc. Chem. Res.* **2015**, *48*, 2895−2903.

· Capaldo, L.; Ravelli, D.; Fagnoni, M. *Direct Photocatalyzed Hydrogen Atom Transfer (HAT) for Aliphatic C-H Bonds Elaboration. Chem. Rev.* **2022**, *122*, 1875−1924.

第9章

· Grubbs, R. B.; Grubbs, R. H. *50th Anniversary Perspective: Living Polymerization. Emphasizing the Molecules in Macromolecules. Macromolecules* **2017**, *50*, 6979−6997.

· Kamigaito, M.; Ando, T.; Sawamoto, M. *Metal-Catalyzed Living Radical Polymerization. Chem. Rev.* **2001**, *101*, 3689−3746.

· Braunecker, W. A.; Matyjaszewski, K. *Controlled/living Radical Polymerization: Features, Developments, and Perspectives. Prog. Polym. Sci.* **2007**, *32*, 93−146.

· Poli, R. *Relationship between One-Electron Transition-Metal Reactivity and Radical Polymerization Processes. Angew. Chem. Int. Ed.* **2006**, *45*, 5058−5070.

· Georges, M. K.; Veregin, R. P. N.; Kazmaier, P. M.; Hamer, G. K. *Narrow Molecular Weight Resins by a Free-radical Polymerization Process. Macromolecules* **1993**, *26*, 2987−2988.

· Hawker, C. J.; Bosman, A. W.; Harth, E. *New Polymer Synthesis by Nitroxide Mediated Living Radical Polymerizations. Chem. Rev.* **2001**, *101*, 3661−3688.

· Tebben, L.; Studer, A. *Nitroxides: Applications in Synthesis and in Polymer Chemistry. Angew. Chem. Int. Ed.* **2011**, *50*, 5034−5056.

· Nicolay, V; Tsarevsky, N. V.; Matyjaszewski, K. *"Green" Atom Transfer Radical Polymerization: From Process Design to Preparation of Well-Defined Environmentally Friendly Polymeric Materials. Chem. Rev.* **2007**, *107*, 2270−2299.

· Ouchi, M.; Terashima, T.; Sawamoto, M. *Precision Control of Radical Polymerization via Transition Metal Catalysis: From Dormant Species to Designed Catalysts for Precision Functional Polymers. Acc. Chem. Res.* **2008**, *41*, 1120−1132.

· Moad, G.; Rizzardo, E.; Thang, S. H. *Radical Addition/fragmentation Chemistry in Polymer Synthesis. Polymer* **2008**, *49*, 1079−1131.

・Yamago, S. *Precision Polymer Synthesis by Degenerative Transfer Controlled/Living Radical Polymerization Using Organotellurium, Organostibine, and Organobismuthine Chain-Transfer Agents.* Chem. Rev. **2009**, *109*, 5051–5068.

・Goto, A.; Fukuda, T. *Kinetics of Living Radical Polymerization.* Prog. Polym. Sci. **2004**, *29*, 329–385.

・Nagaki, A.; Yoshida, J. in *Controlled polymerization and polymeric structures*; Springer, International Publishing, 2013, pp. 1–50.

・Takabayashi, R.; Feser, S.; Yonehara, H.; Ryu, I.; Fukuyama, T. *Accelerated nitroxide-mediated polymerization of styrene and butyl acrylate initiated by BlocBuilder MA using flow reactors.* Polym. Chem. **2023**, *14*, 4515–4520.

・Oh, S.; Stache, E. E. *Recent Advances in Oxidative Degradation of Plastics.* Chem. Soc. Rev. **2024**, *53*, 7309–7327.

・松本章一，"リビングラジカル重合ガイドブック"，講談社，2024.

略 語 一 覧

Ac	acetyl	(CH_3CO-)
acac	acetylacetonate	
AIBN, V-60	2,2′-azobis(2-methylpropionitrile)	2,2′-アゾビス(2-メチルプロピオニトリル)
	2,2′-azobis(isobutyronitrile)	2,2′-アゾビスイソブチロニトリル
Ar	aryl	アリール
ATRP	atom transfer radical polymerization	原子移動ラジカル重合
BET	back electron transfer	逆電子移動
BHAS 反応(機構)	base promoted homolytic aromatic substitution	塩基媒介型芳香族ラジカル置換反応
Bn	benzyl	$(C_6H_5CH_2-)$
Boc	t-butoxycarbonyl	$[(CH_3)_3COC(O)-]$
BPO	benzoylperoxide	ベンゾイルペルオキシド
BPSE	1,2-bis(phenylsulfonyl)ethylene	1,2-ビス(フェニルスルホニル)エチレン
bpy	bipyridine	ビピリジン
bpz	2,2′-bipyrimidyl	2,2′-ビピリミジル
Bu	butyl	$[CH_3(CH_2)_3-]$
Bz	benzoyl	$(PhCO-)$
CAN	ceric ammonium nitrate	硝酸アンモニウムセリウム(IV) $[Ce(NH_4)_2(NO_3)_6]$
CFL	compact fluorescent lamp	コンパクト蛍光灯
CIDNP	chemically induced dynamic nuclear polarization	化学誘起動的核分極
Cp	cyclopentadienyl	(C_5H_5-)
CV	cyclic voltammetry	サイクリックボルタンメトリー
4CzIPN	1,2,3,5-tetrakis(carbazol-9-yl)-4,6-dicyanobenzene	1,2,3,5-テトラキス(カルバゾール-9-イル)-4,6-ジシアノベンゼン
DABCO	1,4-diazabicyclo[2.2.2]octane triethylenediamine	1,4-ジアザビシクロ[2.2.2]オクタン トリエチレンジアミン
DCE	1,2-dichloroethane	1,2-ジクロロエタン
DCM	dichloromethane	ジクロロメタン
DMAP	4-(dimethylamino)pyridine	4-(ジメチルアミノ)ピリジン
DMF	N,N-dimethylformamide	N,N-ジメチルホルムアミド
DMPO	5,5-dimethyl-1-pyrroline-N-oxide	5,5-ジメチル-1-ピロリン-N-オキシド
DMPU	1,3-dimethyl-3,4,5,6-tetrahydro-2($1H$)-pyrimidinone	1,3-ジメチル-3,4,5,6-テトラヒドロ-2($1H$)-ピリミジノン
	$N,N′$-dimethylpropyleneurea	$N,N′$-ジメチルプロピレン尿素
dtbbpy	4,4′-di-t-butyl-2,2′-bipyridyl	4,4′-ジ-t-ブチル-2,2′-ビピリジル

DTBHN	1,2-di-*t*-butoxydiazene di-*t*-butyl-hyponitrite	1,2-ビス(*t*-ブチルオキシ)ジアゼン 次亜硝酸ジ-*t*-ブチル (*t*-BuO-N=N-O-Bu-*t*)
DTBPO	di-*t*-butylperoxide	ジ-*t*-ブチルペルオキシド
EDA 錯体	electron-donor-acceptor complex	電荷移動錯体
EPR	electron paramagnetic resonance	電子常磁性共鳴(スペクトル)
ESR	electron spin resonance	電子スピン共鳴(スペクトル)
Et	ethyl	(CH_3CH_2-)
ET	electron transfer	電子移動
EWG	electron withdrawing group	電子求引基
FMO(理論)	frontier molecular orbital(理論)	フロンティア分子軌道(理論)
HAS 反応	homolytic aromatic substitution	芳香族ラジカル置換反応
HEH	Hantzsch ester	Hantzsch エステル
HMPA	hexamethylphosphoric triamide	ヘキサメチルリン酸トリアミド
HOMO	highest occupied molecular orbital	最高被占軌道
ISC	intersystem crossing	項間交差
LED	light-emitting diode	発光ダイオード
LFP	laser flash photolysis	レーザーフラッシュフォトリシス
LMCT	ligand to metal charge transfer	配位子から中心金属への電子移動
LUMO	lowest unoccupied molecular orbital	最低空軌道
Me	methyl	(CH_3-)
MesAcr	9-mesityl-10-methylacridinium	9-メシチル-10-メチルアクリジニウム
MMA	methyl methacrylate	メタクリル酸メチル
MOM	methoxymethyl	(CH_3OCH_2-)
Ms	methanesulfonyl, mesyl	($MeSO_2-$)
NBS	*N*-bromosuccinimide	*N*-ブロモコハク酸イミド
NHC-ボラン	*N*-heterocyclic carbene borane	*N*-ヘテロ環状カルベンボラン
NHPI	*N*-hydroxyphthalimide	*N*-ヒドロキシフタルイミド
NMP	nitroxide mediated polymerization	ニトロキシド媒介型重合
NMR	nuclear magnetic resonance	核磁気共鳴(スペクトル)
Ns	*o*-nitrobenzenesulfonyl	($o-O_2NC_6H_4SO_2-$)
PC	photocatalyst	光触媒
PCET	proton coupled electron transfer	プロトン共役電子移動
PDI	polydispersity index	多分散指数
Ph	phenyl	(C_6H_5-)
Pic	picolinate	

ppy	phenylpyridinato	
Pr	propyl	$(CH_3CH_2CH_2-)$
PR	persistent radical	パーシスタントラジカル
RAFT	reversible addition-fragmentation chain transfer polymerization	可逆的付加-開裂連鎖移動重合
RCMP	reversible complexation mediated polymerization	可逆的配位媒介重合法
SCE	saturated calomel electrode	飽和カロメル電極
SET	single electron transfer	一電子移動
S_H2反応	bimolecular homolytic substitution	ラジカル置換反応
S_Hi反応	intramolecular homolytic substitution	分子内ラジカル置換反応
SOMO	singly occupied molecular orbital	半占軌道
$S_{RN}1$ 反応	substitution, radical, nucleophilic, unimolecular	求核的ラジカル置換反応
TBADT	tetrabutylammonium decatungstate	デカタングステン酸テトラブチルアンモニウム $[(Bu_4N)_4W_{10}O_{32}]$
TEMPO	2,2,6,6-tetramethylpiperidine 1-oxyl	2,2,6,6-テトラメチルピペリジン 1-オキシル
Tf	trifluoromethanesulfonate	$(CF_3SO_2O^-)$
TFA	trifluoroacetic acid	トリフルオロ酢酸
THF	tetrahydrofuran	テトラヒドロフラン
TICT	twisted intramolecular charge-transfer	ねじれ型分子内電荷移動
TMS	trimethylsilyl	トリメチルシリル
Tol	*p*-tolyl	$(p-CH_3C_6H_4-)$
TR	transient radical	トランジェントラジカル
Ts	*p*-toluenesulfonyl	$(p-CH_3C_6H_4SO_2-)$
TTEnT	triplet-triplet energy transfer	三重項-三重項エネルギー移動触媒反応
TTMSS	tris(trimethylsilyl)silane	トリス(トリメチルシリル)シラン $[(Me_3Si)_3SiH]$
V-40	1,1′-azobis(cyclohexane-1-carbonitrile)	1,1′-アゾビス(シクロヘキサン-1-カルボニトリル)
V-65	2,2′-azobis(2,4-dimethylvaleronitrile)	2,2′-アゾビス(2,4-ジメチルバレロニトリル)
V-70	2,2′-azobis(4-methoxy-2,4-dimethylvaleronitrile)	2,2′-アゾビス(4-メトキシ-2,4-ジメチルバレロニトリル)

世界のラジカルケミスト（有機合成分野）マップ

John A. Murphy
(University of
Strathclyde)

Derek Pratt
(University of
Ottawa)

Corey Stephenson
(University of
British Columbia)

David Proctor
(University of
Manchester)

Mukund P. Sibi
(North Dakota
State University)

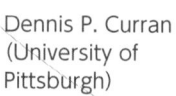

Dennis P. Curran
(University of
Pittsburgh)

Samir Zard
(Ecole Polytechnique,
France)

Armido Studer
(University of
Munster, Germany)

Chaozhong Li
(Shanghai Institute of
Organic Chemistry)

YOU

Philippe Renaud
(University of
Bern, Swiss)

Shunsuke Chiba
(Nanyang Technological
University, Singapore)

索　引

有機ラジカル反応の基礎　改訂 2 版
その理解と考え方

令和 7 年 1 月 30 日　発　行

著作者　柳　　　日　馨
　　　　川　本　拓　治

発行者　池　田　和　博

発行所　丸善出版株式会社
　　　〒 101-0051　東京都千代田区神田神保町二丁目 17 番
　　　編　集：電話(03)3512-3263／FAX(03)3512-3272
　　　営　業：電話(03)3512-3256／FAX(03)3512-3270
　　　http://www.maruzen-publishing.co.jp

組版印刷／製本・藤原印刷株式会社

ISBN 978-4-621-31070-0　C 3043　　　　　Printed in Japan